农药残留
田间试验作物

农业农村部农药检定所 编

中国农业出版社
北京

内容简介

本书介绍了农药残留田间试验所涉及的主要作物相关信息，内容包括谷物、蔬菜、水果等每一作物的中文名称、拉丁学名、英文名称、国际食品法典委员会（CAC）商品编码及实物照片等，总计330余种作物。

本书为我国进行农药残留田间试验作物选择提供了依据，为我国农药最大残留限量标准制定时作物名称与国际标准协调一致提供参考，是农药残留相关管理部门、试验单位及企业进行农药残留田间试验的重要参考资料。

编辑委员会

前　言

　　食品安全国家标准GB 2763规定的农药最大残留限量（MRL）是农产品中农药残留监管的法定依据，也是指导科学用药的技术依据。以作物上的农药残留田间试验为前提和基础，可以获取农产品收获时的最大残留水平（HR）和残留试验中值（STMR），进而进行农药残留膳食暴露风险评估，根据评估结果制定我国MRL标准。在此过程中，作物选择是重要的环节之一。

　　我国幅员辽阔，人口众多，农业耕作历史悠久，作物种植种类多，同一种作物，可能全国多个地区都有种植，但由于各地文化、种植方式、生活习惯差异，有一些作物名称类似但所指具体作物并不相同。例如，菜豆、豇豆很难明确区分，西葫芦和瓠瓜也有交叉叫法，还有一种情况就是作物俗名和通用名不一致，如木瓜和番木瓜等，这就给农药残留田间试验中作物选择造成了困扰，甚至出现同一项目在不同试验地点的不同作物上进行试验的情况，给MRL制定和农药登记残留试验带来了困难。

　　在制定我国作物上农药的MRL时，与国际上其他国家或组织的MRL标准进行比较以保持标准的协调一致，也是通行做法。因此，了解国际上农药残留限量制定时的作物分类体系，是非常必要的。

　　国际贸易中判定农药残留是否超标通常采用国际食品法典委员会（CAC）制定的MRL标准，即Codex MRL标准（也称CXL标准）。Codex MRL标准体系中包含了系统的商品分类体系。CAC商品分类体系把国际贸易中的商品分成了5种类型（Class），具体包括A类植物源初级产品、B类动物源初级产品、C类饲料产品、D类植物加工产品、E类动物加工产品。我国制定MRL标准需要进行残留田间试验的作物基本上在A类植物源初级产品中。A类植物源初级产品又分为水果（Type 01）、蔬菜（Type 02）、谷物（Type 03）、坚果和植物的汁液（Type 04）、香草和香料（Type 05）、其他（Type 06）6个大组，每个大组中再细分作物组（Group），如水果大组中包含柑橘类水果（Group 01，组代码FC）、仁果类水果（Group 02，组代码FP）、核果类水果（Group 03，组代码FS）、浆果和其他小型水果（Group 04，组代码FB）、热带及亚热带水果（皮可食）（Group 05，组代码FT）、热带及亚热带水果（皮不可食）（Group 06，组代码FI），每个组根据需要设定亚组（Subgroup），如柑橘类水果（Group 01）中包含G001A柠檬与青柠类、G001B柑橘类、G001C橙子类、G001D柚类，再细分才是具体的商品。每个商品信息包括：商品代码（由组代码+四位数序号组成）、英文名称、商品相关作物的拉丁学名以及必要的解释。商品代码具有唯一性。众多商品所在的亚组和组也有相应的商品组代码。这样，无论是单一商品的MRL，还是组的MRL，均有相对应的商品或商品组代码，这也为MRL的查询和使用提供了便利，可以通过商品代码或者商品名称查询相应的MRL。

在实际工作中，需要查询我国某种作物或商品在国际上的MRL制定情况时，首先需要找到对应的英文名称，但由于某些作物中文名称与国际上作物的英文名称对应不准确，特别是一些不常见的作物，则会造成参考国际MRL值不准确，从而在制定我国MRL值时出现"误参照"。此时，通过照片、拉丁学名等信息进一步核实英文名称和中文名称是否指向同一种作物是非常必要的，这有助于提高农药残留田间试验作物选择和制定MRL的准确性。

基于此，我们组织了国内农药残留领域的部分专家和学者，针对《农药登记资料要求》（农业部公告第2569号）"附件8农药登记残留试验作物分类"、《食品安全国家标准 食品中农药最大残留限量》（GB 2763—2019）"附录A食品类别及测定部位"、《特色小宗作物农药登记残留试验群组名录》等文件中涉及的330多种植物源初级农产品相关作物进行梳理，在参考了相关专业书籍资料的基础上，编写了本书，内容包括中文名称、别名、拉丁学名和英文名称，以及该作物商品在CAC商品分类体系中的收录情况（给出作物编码及作物所在亚组编码；部分作物无所属亚组，则只给出作物编码）、可食部位、植物学分类以及其他补充信息。本书的出版可为查询和参照不同作物国际农药最大残留限量、制定我国农药在作物上的MRL值和进行农药登记残留试验提供作物信息参考，有利于规范残留试验的作物名称，促进我国农药残留限量标准体系建设，保证农药登记残留试验的准确性和科学性，对提高农产品质量安全保障能力有重要意义。

在撰写本书时，作物排序主要按照《农药登记资料要求》"附件8农药登记残留试验作物分类"的次序进行编排，对于该文件中未包含的作物，均在每组作物后的"其他（一级作物分类名称）"类中给出，如"其他谷物""其他蔬菜"等。在整理某作物信息时，也列入了某些相关联或相似作物，从农药残留田间试验角度来看，这些补充的作物没有必要单独列为一个作物词条。

在本书撰写过程中，特别感谢马婧玮、王婧、王秀嫔、王素利、石凯威、冯义志、宁波、刘宇、刘仁奎、安莉、孙瑞卿、杨殿贤、沈国强、张伟、张玉慧、周国军、赵翔、赵文生、赵建华、姜遥、贾春虹、柴伟纲、游景茂、穆波、魏进等人提供了部分作物照片。

鉴于作者水平有限及时间仓促，本书中作物信息可能存在疏漏，敬请读者纠正。

编　者
2020年4月

目　　录

1 谷 物

1.1 稻类

1.1.1 水稻 ◇

中文名称：水稻

别　　名：无

拉丁学名：*Oryza sativa* L.（several ssp. and cultivars）

英文名称：Rice

CAC商品：

   GC 0649 Rice　稻谷

   GC 2088 Subgroup of rice cereals　水稻类谷物亚组

可食部位：稻谷、糙米、精米，秸秆可做饲料

植物学分类：禾本科稻属一年生水生草本植物

　　其他信息：水稻是亚洲热带亚热带地区广泛种植的重要谷物。中国南方为主要产稻区，北方各省份均有栽种，种植面积较大的省份有湖南、江西、黑龙江、江苏、安徽、湖北、四川、广西、广东、云南、浙江、吉林等。水稻有多种分类方式，如籼稻和粳稻，早、中、晚稻，非糯稻和糯稻，常规稻和杂交稻，单季稻和双季稻。籼稻主要在广东、广西、云南、海南、福建和秦岭以南较低海拔地区种植，具耐热、耐强光习性；粳稻主产于我国黄河流域、北方和东北等高纬度地区，或南方较高海拔地区，较耐冷寒、耐弱光、不耐高温。稻谷经加工脱去颖（稻壳）后可得到颖果，即糙米（Husked rice），糙米经加工去掉米糠后为大米（精米）（Polished rice），米糠（Rice bran）可制糖、榨油、提取糠醛；稻壳（Rice hulls）和稻秆（Rice straw）可做饲料。

1.2 麦类

1.2.1 小麦

　　中文名称：小麦

　　别　　名：无

　　拉丁学名：*Triticum aestivum* L.（异名：*Triticum sativum* Lam.；*Triticum vulgare* Vill.）；*Triticum* spp.

　　英文名称：Wheat

　　CAC商品：

　　　　GC 0654 Wheat　小麦

　　　　GC2086 Subgroup of wheat, similar grains, and pseudocereals without husks　小麦类谷物亚组

可食部位：麦粒，秸秆可做饲料

植物学分类：禾本科小麦属植物

其他信息：小麦原产地在西亚的新月沃地。中国的小麦由黄河中游逐渐扩展到长江以南各地，并传入朝鲜、日本。中国小麦种植面积较大的省份有河南、山东、河北、安徽、江苏、四川、陕西、新疆、湖北、甘肃、山西、内蒙古、云南等。按照播种季节的不同，可将小麦分为春小麦和冬小麦。春小麦主要分布在内蒙古、新疆、甘肃境内，黑龙江、天津、河北、宁夏等地也有种植。冬小麦主要分布在河南、山东、安徽、河北、江苏、湖北、四川、陕西、新疆、山西、甘肃等地。

1.2.2 大麦

中文名称：大麦

别　　名：牟麦、饭麦、赤膊麦

拉丁学名：*Hordeum vulgare* L.

英文名称：Barley

CAC商品：

GC 0640 Barley　大麦

GC 2087 Subgroup of barley, similar grains, and pseudocereals with husks　大麦类谷物亚组

可食部位：麦粒

植物学分类：禾本科大麦属一年生草本植物

其他信息：大麦的生长环境很广，具有春、冬生长习性，中国南北各地都有栽培。产区主要分为北方春大麦区、青藏高原裸大麦区、黄淮海以南秋播大麦区。珍珠麦（圆形大麦米）是经研磨除去外壳和麸皮层的大麦粒。

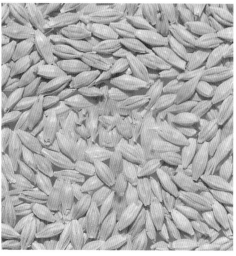

1.2.3　燕麦

中文名称：燕麦

别　　名：无

拉丁学名：*Avena sativa* L.；*Avena abyssinica* Hochst.

英文名称：Oat

CAC商品：

　　GC 0647 Oats　燕麦

　　GC 2087 Subgroup of barley，similar grains，and pseudocereals with husks　大麦类谷物亚组

可食部位：麦粒，秸秆可做饲料

植物学分类：禾本科燕麦属一年生草本植物

其他信息：燕麦是世界性栽培作物，主产国有俄罗斯、加拿大、美国、澳大利亚、德国、芬兰及中国等。中国燕麦主产区有内蒙古、河北、吉林、山西、陕西、青海和甘肃等地，云南、贵州、四川、西藏有小面积种植，其中内蒙古种植面积最大。燕麦喜高寒、干燥的气候，主要生长在高寒地区。燕麦分为两种，一种是带壳的皮燕麦，一种是无壳的裸燕麦。国内燕麦大多指裸燕麦（莜麦）。

中文名称：莜麦

别　　名：裸燕麦、油麦、玉麦、铃铛麦

拉丁学名：*Avena nuda* L.；*Avena chinensis*（Fisch. ex Roem. et Schult.）Metzg.

英文名称：Naked oat

CAC商品：

　　参见 GC 0647 Oats

　　GC 2087 Subgroup of barley，similar grains，and pseudocereals with husks　大麦类谷
　　　　物亚组

植物学分类：禾本科燕麦属一年生草本植物

1.2.4　黑麦

中文名称：黑麦

别　　名：无

拉丁学名：*Secale cereale* L.

英文名称：Rye

CAC商品：

　　GC 0650 Rye　黑麦

　　GC 2086 Subgroup of wheat，similar grains，and pseudocereals without husks　小麦类
　　　　谷物亚组

可食部位：麦粒

植物学分类：禾本科黑麦属一年或越年生草本植物

　　其他信息：北欧、北非是黑麦的主要产区，德国、波兰、俄罗斯、土耳其、埃及等
国都有相当大的种植面积，中国黑麦零星分布在云南、贵州、内蒙古、甘肃、新疆等高
寒或干旱地区。

1.2.5 荞麦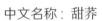

中文名称：甜荞

别　　名：乌麦、三角麦、花荞、荞子

拉丁学名：*Fagopyrum esculentum* Moench

英文名称：Buckwheat

CAC商品：

　　GC 0641 Buckwheat 甜荞

　　GC 2087 Subgroup of barley，similar grains，and pseudocereals with husks 大麦类谷物亚组

可食部位：籽粒，秸秆可做饲料

植物学分类：蓼科荞麦属一年生草本植物

其他信息：主要分布在西北、华北、东北及西南等一些高寒地带。

中文名称：苦荞

别　　名：胡食子、苦荞头、荞麦七、野兰荞、万年荞、金麦荞、天荞麦

拉丁学名：*Fagopyrum tataricum*（L.）Gaertn.

英文名称：Tartary buckwheat

CAC商品：

　GC 3082 Buckwheat，tartary 苦荞

　GC 2087 Subgroup of barley，similar grains，and pseudocereals with husks 大麦类谷
　　　物亚组

可食部位：籽粒，秸秆可做饲料

植物学分类：蓼科荞麦属一年生草本植物

其他信息：中国东北、华北、西北、西南山区有栽培，有时为野生。

1.3　旱粮类

1.3.1　玉米　◇

中文名称：玉米

别　　名：玉蜀黍、棒子、包谷、包米、包粟、玉茭、苞米、珍珠米、苞芦、大芦
粟。辽宁称珍珠粒，潮州称薏米仁，粤语称粟米，闽南语称番麦

拉丁学名：*Zea mays* L.（several cultivars，not including sweet corn）

英文名称：Maize；Corn

CAC 商品：

GC 0645 Maize 玉米

GC 2091 Subgroup of maize cereals 玉米类谷物亚组

可食部位：玉米粒、青玉米，秸秆可做饲料

植物学分类：禾本科玉米属一年生草本植物

其他信息：全世界热带和温带地区广泛种植，中国各地均有栽培。种植面积较大的省份有黑龙江、吉林、河南、内蒙古、山东、河北、辽宁、山西、云南、四川、陕西、甘肃等。玉米分成 9 个类型：硬粒型、马齿型、粉质型、甜质型（甜玉米）、甜粉型、爆裂型（麦玉米）、蜡质型（糯质型、黏玉米）、有稃型、半马齿型，还可分为普通玉米和特用玉米（高赖氨酸玉米、糯玉米、甜玉米、爆裂玉米、高油玉米等），还可分为早熟、中熟、晚熟品种，也可简单分为春玉米和夏玉米。春玉米主要分布在黑龙江、吉林、内蒙古、云南、四川、甘肃等。夏玉米主要分布在河南、山东、河北、山西、安徽等，在陕西、江苏、四川、湖北、广西等地也有一定规模。夏玉米吐丝后 15 ~ 35 天为乳熟期，35 ~ 50 天为蜡熟期，50 ~ 65 天为完熟期，农药残留试验中的甜玉米或青玉米一般在吐丝后 17 ~ 23 天采样，即乳熟期采样。

中文名称：春玉米

英文名称：Spring maize

其他信息：春季播种的玉米。因播种期早，中国北方也称为早玉米。

中文名称：爆裂玉米

别　　名：爆炸玉米、爆花玉米

拉丁学名：*Zea mays* L. var. *everta* Sturt.（异名：*Zea mays* L. var. *praecox*）

英文名称：Popcorn

CAC商品：

　　GC 0656 Popcorn　爆裂玉米

　　GC 2091 Subgroup of maize cereals　玉米类谷物亚组

其他信息：爆裂玉米是用于爆制玉米花的玉米类型，其果穗和籽粒均较小，结构紧实，坚硬透明，遇高温有较大的膨爆性。

中文名称：甜玉米

别　　名：蔬菜玉米、水果玉米、菜玉米、玉笋、糯包谷、甜包谷

拉丁学名：*Zea mays* L.（several cultivars，not including popcorn）

英文名称：Sweet corn

CAC商品：

　　GC 0447 Sweet corn（corn-on-the-cob）（kernels plus cob with husk removed）甜玉米穗

　　GC 1275 Sweet corn（kernels）甜玉米粒

　　GC 2090 Subgroup of sweet corns　甜玉米类谷物亚组

其他信息：甜玉米是欧美国家及韩国和日本等发达国家的主要蔬菜之一。

中文名称：玉米笋

别　　名：番麦笋、珍珠笋

拉丁学名：*Zea mays* L.（several cultivars）

英文名称：Baby corn

CAC商品：

　　GC 3081 Baby corn　玉米笋

　　GC 2090 Subgroup of sweet corns　甜玉米类谷物亚组

可食部位：籽粒尚未隆起的幼嫩果穗

其他信息：指晚春玉米苞叶和花丝未授粉的果穗。在甜玉米幼嫩果穗中玉米籽粒尚未隆起时摘取，去掉苞叶及花丝即可整体食用。玉米笋在美国生产较多。中国有少量种植，分布在少数大城市附近。

1.3.2　高粱

中文名称：高粱

别　　名：蜀黍、桃黍、木稷、荻粱、乌禾、芦穄、茭子、名禾

拉丁学名：*Sorghum bicolor* (L.) Moench（several *Sorghum* ssp. and cultivars）

英文名称：Sorghum

CAC商品：

　　GC 0651 Sorghum grain　高粱

　　GC 2089 Subgroup of Sorghum grain and millet　高粱类谷物亚组

可食部位：籽粒

植物学分类：禾本科高粱属一年生草本植物

其他信息：高粱喜温、喜光，并有一定的耐高温特性。分布于全世界热带、亚热带和温带地区。中国南北各省份均有栽培。

1.3.3 粟 ◇

中文名称：粟

别　　名：小米、粟米、谷子

拉丁学名：*Setaria italica* var. *germanica*（Mill.）Schred. ［异名：*Panicum italicum* var. *germanicum*（Mill.）Koel.；*Chaetochloa italica* var. *germanica*（Mill.）Scribn.］

英文名称：Foxtail millet

CAC商品：

GC 0646 Millet　粟

GC 2089 Subgroup of Sorghum grain and millet　高粱类谷物亚组

可食部位：籽粒，秸秆可做饲料

植物学分类：禾本科狗尾草属一年生草本植物

其他信息：主要产于北方干旱地区，属于耐寒、耐瘠、高产作物。去壳后的粟俗称小米。

中文名称：稗

拉丁学名：*Echinochloa crus-galli* (L.) Beauv. (异名：*Panicum crus-galli* L.)；*Echinochloa frumentacea* (Roxb.) Link（异名：*Panicum frumentaceum* Roxb）

英文名称：Barnyard millet

CAC商品：

参见 GC 0646 Millet

GC 2089 Subgroup of Sorghum grain and millet　高粱类谷物亚组

可食部位：籽粒

植物学分类：禾本科稗属一年生草本植物

其他信息：世界温暖地区均有分布，中国遍布全境，多生于沼泽地、沟边及水稻田中。

中文名称：御谷

别　　名：珍珠粟

拉丁学名：*Pennisetum glaucum* (L.) R. Br. [异名：*Pennisetum typhoides*(Burm. f.)Stapf. & Hubbard；*Pennisetum americanum*（L.）K. Schum.；*Pennisetum spicatum*（L.）Koern.]

英文名称：Bulrush millet

CAC商品：

　　参见GC 0646 Millet

　　GC 2089 Subgroup of Sorghum grain and millet　高粱类谷物亚组

可食部位：籽粒

植物学分类：禾本科狼尾草属一年生草本植物

其他信息：原产非洲，现亚洲和美洲均已引种栽培作为粮食，中国河北有栽培。

中文名称：穇子

拉丁学名：*Eleusine coracana* (L.) Gaertn.

英文名称：Finger millet

CAC商品：

　　参见GC 0646 Millet

　　GC 2089 Subgroup of Sorghum grain and millet　高粱类谷物亚组

可食部位：籽粒

植物学分类：禾本科穇属一年生植物

其他信息：广泛栽培于西藏、云南、贵州、广西、湖南、福建、江西、江苏等地。穇子适应性强，具有耐旱、耐贫瘠等特性。

1.3.4 稷 ◇

中文名称：稷

别　　名：糜子

拉丁学名：*Panicum miliaceum* L.

英文名称：Common millet

CAC商品：

参见GC 0646 Millet

GC2089 Subgroup of Sorghum grain and millet 高粱类谷物亚组

可食部位：籽粒

植物学分类：禾本科黍属一年生栽培草本植物

其他信息：分布于中国西北、华北、西南、东北、华南以及华东等地，新疆偶见有野生状的。亚洲、欧洲、美洲、非洲等温暖地区都有栽培。稷去皮后俗称黄米或黄小米。黄米有硬、糯之分，硬性黄米主要用于制作米饭、酸粥；糯性黄米主要用于制作糕类、粽子等。

1.3.5 薏仁

中文名称：薏仁

别　　名：薏苡仁、薏米

拉丁学名：*Coix lacryma-jobi* L.

英文名称：Job's tears；Coix seed

CAC商品：

GC 0644 Job's tears 薏仁

GC 2089 Subgroup of Sorghum grain and millet 高粱类谷物亚组

可食部位：籽粒

植物学分类：禾本科薏苡属一年生粗状草本植物

其他信息：薏仁为薏苡的干燥成熟种仁。中国东南部常见栽培或野生，产于辽宁、河北、河南、陕西、江苏、安徽、浙江、江西、湖北、福建、台湾、广东、广西、四川、云南、贵州等省份，主要产地为贵州、福建等地，其中，贵州兴仁有"中国薏米之乡"之称。

1.4 杂粮类

1.4.1 绿豆

中文名称：绿豆

别　　名：青小豆、菉豆、植豆

拉丁学名：*Vigna radiata*（L.）Wilczek（异名：*Phaseolus aureus* Roxb）

英文名称：Mung bean

CAC商品：

    VD 0536 Mung bean（dry）绿豆干豆

    VD 2065 Subgroup of dry beans 干大豆类作物亚组

    VP 0536 Mung bean（immature pods）绿豆嫩荚

    VP 2060 Subgroup of beans with pods 带嫩荚菜豆类蔬菜亚组

    VL 0536 Mungbean sprouts 绿豆芽、豆芽菜

    VL 2058 Subgroup of sprouts 芽菜亚组

可食部位：籽粒、豆芽

植物学分类：豆科豇豆属一年生草本植物

其他信息：原产印度、缅甸。现东亚各国普遍种植，非洲、欧洲、美洲（美国）也有少量种植。中国和缅甸等国是绿豆的主要出口国。中国种植面积较大的省份有内蒙古、吉林、山西、安徽、河南、黑龙江等。

1.4.2 兵豆

中文名称：兵豆

别　　名：小扁豆、滨豆、鸡眼豆

拉丁学名：*Lens culinaris* Medik（异名：*Lens esculenta* Moench.；*Ervum lens* L.）

英文名称：Lentil

CAC商品：

　　VP 0533 Lentil　兵豆

　　VP 2061 Subgroup of peas with pods　带嫩荚豌豆类蔬菜亚组

　　VP 2864 Lentil（succulent seeds）兵豆嫩豆

　　VP 2063 Subgroup of succulent peas without pods　不带嫩荚菜豆类蔬菜亚组

　　VD 0533 Lentil（dry）兵豆干豆

　　VD 2066 Subgroup of dry peas　干豌豆类作物亚组

可食部位：嫩荚、嫩豆、籽粒

植物学分类：豆科兵豆属一年生矮小草本植物

其他信息：主要产于云南丽江、普洱（景东）、昆明、玉溪等地；一般种植在海拔
1 700～2 450米的田中，河北、山西、陕西、甘肃、四川、西藏也有栽培。

1.4.3 鹰嘴豆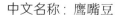

中文名称：鹰嘴豆

别　　名：回鹘豆、桃豆、鸡豆、诺胡提、羊角状鹰嘴豆

拉丁学名：*Cicer arietinum* L.

英文名称：Chick-pea；Chickpea

CAC商品：

VP 0524 Chick-pea (immature pods) 鹰嘴豆嫩荚

VP 2061 Subgroup of peas with pods 带嫩荚豌豆类蔬菜亚组

VP 2862 Chick-pea (succulent seeds) 鹰嘴豆嫩豆

VP 2063 Subgroup of succulent peas without pods 不带嫩荚菜豆类蔬菜亚组

VD 0524 Chick-pea (dry) 鹰嘴豆干豆

VD 2066 Subgroup of dry peas 干豌豆类作物亚组

可食部位：嫩荚、籽粒，秸秆可做饲料

植物学分类：豆科鹰嘴豆属一年生或多年生攀缘草本植物

其他信息：分布于地中海沿岸、亚洲、非洲、美洲等地。中国甘肃、青海、新疆、
陕西、山西、河北、山东、台湾、内蒙古等地有引种栽培。

1.4.4　赤豆 ◇

中文名称：赤豆

别　　名：红赤小豆、红豆、红小豆、红赤豆、小豆

拉丁学名：*Vigna angularis* (Willd.) Ohwi & Ohashi [异名：*Phaseolus angularis* (Willd.) W. Wight]

英文名称：Adzuki bean；Azuki bean

CAC商品：

　　VD 0560 Adzuki bean (dry) 赤豆干豆

　　VD 2065 Subgroup of dry beans 干大豆类作物亚组

可食部位：籽粒

植物学分类：豆科豇豆属一年生直立或缠绕草本植物

其他信息：中国南北方均有栽培。美洲及非洲的刚果（布）、乌干达有引种。

1.5 其他谷物

1.5.1 小黑麦 ◆

中文名称：小黑麦

别　　名：无

拉丁学名：无（Hybrid of wheat and rye）

英文名称：Triticale

CAC商品：

    GC 0653 Triticale 小黑麦

    GC 2086 Subgroup of wheat，similar grains，and pseudocereals without husks 小麦类
        谷物亚组

可食部位：籽粒

植物学分类：小黑麦是小麦属和黑麦属物种经属间有性杂交和杂种染色体数加倍而成的新物种

其他信息：国际上小黑麦的研究是从八倍体开始的，中国八倍体小黑麦主要分布在西南、西北高寒瘠薄山区，成熟晚和脱粒难。其英文名称Triticale是由小麦属名*Triticum*的字头和黑麦属名*Secale*的字尾组合而成。

1.5.2 藜麦

中文名称：藜麦

别　　名：无

拉丁学名：*Chenopodium quinoa* Willd.

英文名称：Quinoa

CAC商品：

　　GC 0648 Quinoa　藜麦

　　GC 2086 Subgroup of wheat，similar grains，and pseudocereals without husks　小麦类
　　　　　谷物亚组

可食部位：籽粒

植物学分类：藜科藜属植物

其他信息：穗部可呈红、紫、黄色，植株形状类似灰灰菜，成熟后穗部类似高粱穗。原产南美洲安第斯山脉的哥伦比亚、厄瓜多尔、秘鲁等中高海拔山区。具有一定的耐旱、耐寒、耐盐性，生长在海拔4 500米以下地区，最适生长在海拔3 000 ~ 4 000米的高原或山地地区。

1.5.3 羽扇豆

中文名称：羽扇豆

别　　名：多叶羽扇豆、鲁冰花

拉丁学名：*Lupinus micranthus* Guss. (sweet spp.，varieties and cultivars)

英文名称：Lupin

CAC商品：

　　VP 0545 Lupin　羽扇豆

　　VP 2062 Subgroup of succulent beans without pods　不带嫩荚菜豆类蔬菜亚组

　　VD 0545 Lupin（dry）羽扇豆干豆

　　VD 2065 Subgroup of dry beans　干大豆类作物亚组

可食部位：嫩豆、籽粒，秸秆可做饲料

植物学分类：豆科羽扇豆属一年生草本植物

其他信息：原产地中海沿岸，分布于北美洲，中国也有栽培。

2 蔬　菜

2.1　鳞茎类

2.1.1　鳞茎葱类

2.1.1.1　大蒜

中文名称：大蒜
别　　名：蒜、胡蒜、蒜头、蒜仔、蒜子
拉丁学名：*Allium sativum* L.
英文名称：Garlic

CAC商品：

　　VA 0381 Garlic 大蒜

　　VA 2031 Subgroup of bulb onions 鳞茎洋葱类蔬菜亚组

可食部位：鳞茎（大蒜）、柔嫩假茎和叶片（青蒜）、花茎（蒜薹）

植物学分类：百合科葱属多年生草本植物

其他信息：原产亚洲西部或欧洲。中国普遍栽培，东北及西北地区春播，长江流域秋播，华北地区秋播或春播；种植面积比较大的省份主要有山东、河南、江苏、四川、湖南、河北等。花茎顶部开始弯曲，总苞下部变白时采收蒜薹；鳞茎于充分肥大时收获。按鳞茎外皮颜色不同，可分为紫皮蒜和白皮蒜2种类型。蒜苗是大蒜幼苗发育到一定时期的青苗，其柔嫩的假茎和叶片可供食用；蒜薹是从大蒜中抽出的花茎。

拉丁学名：*Allium sativum* L. var. *ophioscorodon*（Link）Döll

英文名称：Serpent garlic

CAC商品：

　　VA 2602 Garlic，serpent

　　VA 2031 Subgroup of bulb onions 鳞茎洋葱类蔬菜亚组

拉丁学名：*Allium sativum* L. var. *sativum*

英文名称：Garlic chive

CAC商品：

　　VA 2609 Garlic chives

　　VA 2032 Subgroup of green onions 青葱类蔬菜亚组

2.1.1.2 洋葱

中文名称：洋葱

别　　名：圆葱、葱头

拉丁学名：*Allium cepa* L.

英文名称：Silverskin onion；Onion

CAC商品：

　　VA 0390 Silverskin onion 洋葱

　　VA 2031 Subgroup of bulb onions 鳞茎洋葱类蔬菜亚组

可食部位：鳞茎

植物学分类：百合科葱属多年生草本植物

其他信息：原产亚洲西部，在全世界广泛栽培。中国主要分布在山东金乡、鱼台、单县、平度，江苏丰县，甘肃酒泉、武威，云南元谋、东川，四川西昌等地。栽培洋葱有分蘗洋葱（var. *aggregatum*）和顶球洋葱（var. *viviparum*）2个变种。

拉丁学名：*Allium cepa* L. var. *cepa*（various cultivars）

英文名称：Bulb onion

CAC商品：

    VA 0385 Onion，bulb

    VA 2031 Subgroup of bulb onions 鳞茎洋葱类蔬菜亚组

拉丁学名：*Allium cepa* L.（various cultivars）

英文名称：Spring onion

CAC商品：

    VA 0389 Spring onion

    VA 2032 Subgroup of green onions 青葱类蔬菜亚组

2.1.1.3 薤头

中文名称：薤头

别　　名：薤、荞头、薤子、荞子、藠荞、藠子、藠头

拉丁学名：*Allium chinense* G. Don.（异名：*Allium bakeri* Regel）

英文名称：Chinese onion；Scallion

CAC商品：

    VA 0386 Onion，Chinese 薤头

    VA 2031 Subgroup of bulb onions 鳞茎洋葱类蔬菜亚组

可食部位：鳞茎、嫩叶

植物学分类：百合科葱属多年生鳞茎植物

其他信息：原产中国，在黑龙江、吉林、辽宁、内蒙古、河北、山东、江苏、浙江、福建、江西、安徽、河南、湖北、湖南、广东、广西北部、贵州、云南、西藏东部、四川、甘肃、宁夏、陕西及山西等地广泛栽培；苏联、朝鲜和日本也有分布。

2.1.2　绿叶葱类

2.1.2.1　韭菜

中文名称：韭菜

别　　名：韭、草钟乳、起阳草、懒人菜

拉丁学名：*Allium tuberosum* Rottler ex Spreng.

英文名称：Chinese chive

CAC商品：

　　VA 2606 Chives，Chinese　韭菜

　　VA 2032 Subgroup of green onions　青葱类蔬菜亚组

可食部位：叶、薹、花苞（花序）、肉质根

植物学分类：石蒜科葱属多年生草本植物

其他信息：原产亚洲东南部，世界现已普遍栽培。中国广泛栽培，南方不少地区可常年生产，北方冬季地上部分枯死，地下部分进入休眠，春天表土解冻后萌发生长。种

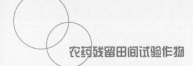

植面积较大的省份有山东、内蒙古、江苏、河北、四川、安徽、浙江、甘肃等。有2个种：叶韭（*Allium tuberosum*）和根韭（*Allium hookeri*）。按食用器官，可分为根韭、叶韭、花（薹）韭和叶花兼用韭4种类型。一般春季播种育苗，夏秋季定植，翌年春季收割；或秋季育苗，翌年春夏定植，秋季收割。

2.1.2.2 葱

中文名称：大葱
别　　名：青葱、木葱、汉葱、水葱
拉丁学名：*Allium fistulosum* L. var. *giganteum* Makino

英文名称：Welsh onion

CAC 商品：

    VA 0387 Onion，welsh 葱

    VA 2032 Subgroup of green onions 青葱类蔬菜亚组

可食部位：假茎（葱白）、嫩叶，鳞茎和种子可入药

植物学分类：石蒜科葱属多年生草本植物

其他信息：原产中国，分布较广，中国各地均有种植，国外也有栽培。依假茎大小和形态特点，可分为长白型、短白型和鸡腿型3种类型；依分蘖习性可分为普通大葱和分蘖大葱。一般秋季播种，翌年夏季定植，入冬前收获。

中文名称：胡葱

别   名：火葱、蒜头葱、肉葱、瓣子葱

拉丁学名：*Allium cepa* L. var. *aggregatum* Don

英文名称：Shallot

CAC 商品：

    VA 0388 Shallot 胡葱

    VA 2031 Subgroup of bulb onions 鳞茎洋葱类蔬菜亚组

中文名称：细香葱

别   名：香葱、细葱、虾夷葱、四季葱

拉丁学名：*Allium schoenoprasum* L.

英文名称：Chive

CAC 商品：

    VA 2605 Chives 细香葱

    VA 2032 Subgroup of green onions 青葱类蔬菜亚组

其他信息：中餐、西餐或日本料理常用的辛香料，也可用作草药。

中文名称：楼葱

别   名：龙爪葱、龙角葱

拉丁学名：*Allium fistulosum* L. var. *viviparum* Makino

英文名称：Storey onion

CAC 商品：无

中文名称：分葱

别   名：四季葱、菜葱、冬葱、冻葱、红葱头

拉丁学名：*Allium fistulosum* L. var. *caespitosum* Makino

英文名称：Fresh onion；Bunching onion
CAC商品：
　　VA 2612 Onion，fresh　分葱
　　VA 2032 Subgroup of green onions　青葱类蔬菜亚组

2.1.2.3　青蒜

见2.1.1.1大蒜

2.1.2.4　蒜薹

见2.1.1.1大蒜

2.1.2.5　韭葱

中文名称：韭葱
别　　名：扁葱、扁叶葱、洋蒜苗、洋大蒜
拉丁学名：*Allium porrum* L.［异名：*Allium ampeloprasum* L. var. *porrum*（L.）Gay］
英文名称：Leek
CAC商品：
　　VA 0384 Leek　韭葱
　　VA 2032 Subgroup of green onions　青葱类蔬菜亚组
可食部位：假茎、花薹、嫩叶

植物学分类：石蒜科葱属多年生草本植物

其他信息：南方温暖地区四季均可栽培，中部地区通常春末、夏初播种，当年收获嫩苗，或越冬后采收花薹。

中文名称：珍珠洋葱

拉丁学名：*Allium ampeloprasum* var. *sectivum*；*Allium ampeloprasum*；*Allium porrum* L. var. *sectivum* Lueder

英文名称：Pearl onion

CAC商品：

　　VA 2614 Onion，pearl　珍珠洋葱

　　VA 2032 Subgroup of green onions　青葱类蔬菜亚组

2.1.3　百合

中文名称：百合

别　　名：夜合、中蓬花、蒜脑薯、山蒜头、番韭

拉丁学名：*Lilium* spp.

英文名称：Lily

CAC商品：

　　VA 2603 Lily　百合

　　VA 2031 Subgroup of bulb onions　鳞茎洋葱类蔬菜亚组

可食部位：鳞茎

植物学分类：百合科百合属多年生草本球根植物

其他信息：原产中国，主要分布在亚洲东部、欧洲、北美洲等北半球温带地区，全球已发现有至少120个品种，其中55种产于中国。中国各地均有种植，食用百合的主要

产区在甘肃兰州、湖南和湖北等地，其面积约4.5万亩[①]，还有些地方，如山西平陆、四川西昌、贵州等，以卷丹百合为主。药用百合主要栽培于湖南、四川、河南、江苏、浙江等地。主要栽培种或变种有卷丹百合（*Lilium tigrinum*）、川百合（*Lilium davidii*）、龙牙百合（*Lilium brownii* var. *viridulum*）。

2.2　芸薹属类

2.2.1　结球芸薹属 ◆

2.2.1.1　结球甘蓝

中文名称：结球甘蓝

别　　名：洋白菜、包菜、圆白菜、卷心菜、莲花白、茴子白、椰菜、大头菜、高丽菜、包心菜

拉丁学名：*Brassica oleracea* L. var. *capitata* L.（several var. and cvs.）

英文名称：Head cabbage；Cabbage

CAC商品：

VB 0041 Cabbages，head (includes savoy cabbage and Chinese cabbage) 结球甘蓝

VB 2036 Subgroup of head Brassicas 结球芸薹蔬菜亚组

---

① 亩为非法定计量单位，1亩≈667米^2，下同。——编者注

可食部位：叶球

植物学分类：十字花科芸薹属二年生草本植物

其他信息：东北、西北和华北以春、夏、秋三季栽培为主，华中、华东、西南和华南一年四季均可栽培。种植面积比较大的省份有河北、福建、湖南、湖北、四川、河南、重庆、江苏、贵州、云南、山东、甘肃等。甘蓝还有皱叶甘蓝（var. *bullata*）和赤球甘蓝（var. *rubra*）2个变种。按叶球形状分，有圆球形、扁圆形和尖球形3种。

中文名称：皱叶甘蓝

别　　名：皱叶洋白菜、皱叶圆白菜、皱叶包菜、皱叶椰菜、缩叶甘蓝

拉丁学名：*Brassica oleracea* L. var. *bullata* DC.（NY/T 1741—2009）；*Brassica oleracea* L. var. *sabauda* L.（CAC）

英文名称：Savoy cabbage

CAC商品：

　　参见 VB 0041 Cabbages，head

　　VB 2036 Subgroup of head Brassicas　结球芸薹蔬菜亚组

植物学分类：十字花科芸薹属甘蓝种中能形成具有皱褶叶球的一个变种，二年生草本植物

其他信息：世界各地均有广泛栽培。与结球甘蓝的区别在于它的叶片卷皱，不像其他甘蓝的叶那样平滑。由于大量皱褶，叶表面积增大，叶片不大即可结成球，叶球形状大多为圆球形。

中文名称：赤球甘蓝

别　　名：紫甘蓝、红甘蓝、赤甘蓝、紫圆白菜、红玉菜、红色高丽菜

拉丁学名：*Brassica oleracea* L. var. *rubra* DC.；*Brassica oleracea* L. var. *capitata* f. *rubra*

英文名称：Red cabbage

CAC商品：

  参见VB 0041 Cabbages，head

  VB 2036 Subgroup of head Brassicas　结球芸薹蔬菜亚组

2.2.1.2　球茎甘蓝

中文名称：球茎甘蓝

别　　名：茎蓝、松根、玉蔓菁、芥蓝头、擘蓝

拉丁学名：*Brassica oleracea* L. var. *gongylodes* L.；*Brassica oleracea* L. var. *caulorapa* DC.

英文名称：Kohlrabi

CAC商品：

  VB 0405 Kohlrabi　球茎甘蓝

  VB 2016 Subgroup of stem Brassicas　茎类芸薹蔬菜亚组

可食部位：肉质球茎

植物学分类：十字花科芸薹属二年生草本植物

其他信息：球茎甘蓝是从欧洲引进的蔬菜品种，中国大多数省份均有栽培，按球茎皮色可分为绿色、绿白色和紫色3种类型。耐寒能力和耐高温能力都比较强，所以对环境的要求并不严格，在南亚热带地区均可四季进行露地种植。在中国南方多进行秋冬或冬春季栽培；北方多进行春夏或夏秋季栽培。

2.2.1.3 抱子甘蓝

中文名称：抱子甘蓝

别　　名：芽甘蓝、球芽甘蓝、子持甘蓝、小圆白菜、小卷心菜、芽卷心菜

拉丁学名：*Brassica oleracea* L. var. *gemmifera* (DC.) Zenker

英文名称：Brussels sprout

CAC商品：

  VB 0402 Brussels sprouts 抱子甘蓝

  VB 2036 Subgroup of head Brassicas 结球芸薹蔬菜亚组

可食部位：芽球

植物学分类：十字花科芸薹属二年生草本植物

其他信息：原产地中海沿岸，欧美各国广泛种植。中国各大城市偶有栽培，北方春种秋收，南方炎热地区夏秋种冬春收。芽球直径可达4厘米左右。

2.2.2 头状花序芸薹属

2.2.2.1 花椰菜

中文名称：花椰菜

别 名：花菜、菜花、椰菜花、椰花菜、甘蓝花、洋花菜、球花甘蓝、白菜花

拉丁学名：*Brassica oleracea* L. var. *botrytis* L.

英文名称：Cauliflower

CAC商品：

  VB 0404 Cauliflower 花椰菜

  VB 0042 Subgroup of flowerhead Brassicas 头状花序芸薹蔬菜亚组

可食部位：花球

植物学分类：十字花科芸薹属甘蓝种的一个变种，二年生草本植物

其他信息：按花球的颜色可分为白色、黄绿色和紫色等类型。原产地中海沿岸，主要分布于印度、意大利、法国、英国、美国、西班牙、德国、孟加拉国等国，19世纪传入中国。在中国南方地区6～12月播种，10月至翌年5月收获，北方地区多进行春、秋季栽培。

2.2.2.2 青花菜

中文名称：青花菜

别　　名：绿菜花、意大利芥蓝、意大利芥菜、木立花椰菜、嫩茎花椰菜、西蓝花

拉丁学名：*Brassica oleracea* L. var. *italica* Plenck

英文名称：Broccoli

CAC商品：

VB 0400 Broccoli 青花菜

VB 0042 Subgroup of flowerhead Brassicas 头状花序芸薹蔬菜亚组

可食部位：花球

植物学分类：十字花科芸薹属一二年生草本植物，甘蓝种中以绿花球为产品的一个变种。青花菜与花椰菜都是甘蓝的变种

其他信息：华南地区7月至翌年1月可随时播种，分批收获；长江流域和华北地区可进行春季和秋季栽培。高纬度地区一年一季。

2.2.3 茎类芸薹属

2.2.3.1 芥蓝

中文名称：芥蓝

别　　名：白花甘蓝、白花芥蓝

拉丁学名：*Brassica alboglabra* L. H. Bailey；*Brassica oleracea* var. *albiflora*

英文名称：Chinese kale

CAC商品：

　　Chinese kale 芥蓝，参见 VL 0401 Broccoli，Chinese

　　VL 0054 Subgroup of leaves of Brassicaceae　叶类芸薹蔬菜亚组

可食部位：花薹、嫩叶

植物学分类：十字花科芸薹属一年生草本植物

其他信息：中国主产区有广东、广西、福建和台湾等省份，沿海及北方大城市郊区有少量栽培，华南地区在秋、冬季栽培，长江流域在夏末秋初播种。按用途可分为薹叶兼用型（全株采收）和薹用型（只采薹）。

拉丁学名：*Brassica oleracea* var. *alboglabra*（L. H. Bailey）Musil

英文名称：Chinese broccoli

CAC商品：

　　VL 0401 Broccoli，Chinese

　　VL 0054 Subgroup of leaves of Brassicaceae　叶类芸薹蔬菜亚组

2.2.3.2 菜薹

中文名称：菜薹

别　　名：菜心、菜尖、绿菜薹、薹心菜

拉丁学名：*Brassica campestris* L. ssp. *chinensis* Makino var. *utilis* Tsen et Lee

英文名称：Flowering Chinese cabbage

CAC商品：

VL 0468 Flowering white cabbage　菜薹

VL 0054 Subgroup of leaves of Brassicaceae　叶类芸薹蔬菜亚组

可食部位：花薹、嫩叶

植物学分类：十字花科芸薹属芸薹种白菜亚种中以花薹为产品的变种，一二年生草本植物

其他信息：主要分布在中国江南地区，如广东、上海、浙江、江苏、安徽等省份，北方地区多于春、夏、秋三季排开播种。

2.2.3.3 茎芥菜

中文名称：茎芥菜

别　　名：茎用芥菜、棒菜、青菜头、儿菜、娃娃菜、菜头、包包菜、羊角菜、菱角菜、棒棒菜、榨菜

拉丁学名：*Brassica juncea*

英文名称：Stem mustard

CAC商品：

VB 2640 Stem mustard　笋子芥

VB 2016 Subgroup of stem Brassicas　茎类芸薹蔬菜亚组

可食部位：肉质瘤茎、肉质侧芽和棒状肉质茎

植物学分类：十字花科芸薹属芥菜种中以肉质茎为产品的变种，一二年生草本植物

其他信息：主要分布在四川、浙江两省，湖北、江西、福建、江苏、安徽、河南等省也有栽培。四川地区多在9月上旬播种，浙江地区多在10月上旬播种。茎芥菜有3个变种：茎瘤芥（*Brassica juncea* var. *tumida*）、抱子芥（*Brassica juncea* var. *gemmifera*）、笋子芥（*Brassica juncea* var. *crassicaulis*）。茎瘤芥是做涪陵榨菜的主要原料。

2.2.3.4　雪里蕻

中文名称：雪里蕻

别　　名：雪里红、雪里翁、雪菜、春不老、霜不老、辣菜

拉丁学名：*Brassica juncea* var. *multiceps* Tsen et Lee；*Brassica cernua* Forb. et Hemsl. var. *chirimenna* auct. non Makino；*Brassica juncea* var. *crispifolia* auct. non L. H. Bailey

英文名称：Salted vegetable

CAC商品：

　　参见VB 2640 Stem mustard

　　VB 2016 Subgroup of stem Brassicas　茎类芸薹蔬菜亚组

可食部位：芥叶、茎

植物学分类：十字花科芸薹属芥菜的栽培变种，一年生草本植物

其他信息：芥菜的栽培变种，常将芥叶连茎制作腌菜。在中国北方地区，到了秋冬季节叶子会变为紫红色，故名"雪里红"。在中国南方地区很少见到变为紫红色的"雪里红"。

2.2.4 大白菜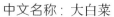

中文名称：大白菜

别　　名：黄芽菜、白菜、结球白菜、包心白菜

拉丁学名：*Brassica rapa* var. *glabra* Regel；*Brassica rapa* L. subsp. *pekinensis*（Lour.）Hanelt［异名：*Brassica pekinensis*（Lour.）Rupr.；*Brassica rapa* subsp. *pekinensis*；*Brassica campestris* subsp. *pekinensis*］

英文名称：Chinese cabbage（type Pe-tsai）

CAC商品：

VB 0467 Chinese cabbage（type Pe-tsai）大白菜

VB 2036 Subgroup of head Brassicas 结球芸薹蔬菜亚组

可食部位：叶

植物学分类：十字花科芸薹属二年生草本植物

其他信息：大白菜种类很多，北方的大白菜有山东胶州大白菜、北京青白、东北大矮白菜、山西阳城大毛边等。南方的大白菜是由北方引进的，其品种有乌金白、蚕白菜、鸡冠白、雪里青等。原产中国华北，现各地广泛栽培，为东北及华北冬、春季主要蔬菜。种植面积比较大的省份有山东、河北、贵州、湖北、云南、广西、广东、江苏、湖南、河南等。

2.3 叶菜类

2.3.1 绿叶类 ◆

2.3.1.1 菠菜

中文名称：菠菜

别　　名：波斯菜、菠薐、菠枌、鹦鹉菜、飞龙菜、红根菜、赤根菜、菠莜、波斯草、赤根草、角菜

拉丁学名：*Spinacia oleracea* L.

英文名称：Spinach

CAC商品：

　　VL 0502 Spinach　菠菜

　　VL 2050 Subgroup of leafy greens　绿叶菜蔬菜亚组

可食部位：叶

植物学分类：藜科菠菜属一年生草本植物

其他信息：菠菜原产伊朗。中国普遍栽培，种植面积较大的省份有广东、河南、河北、山东、江苏、广西、安徽、湖北等。

2.3.1.2 普通白菜

中文名称：普通白菜

别　　名：小白菜、小油菜、青菜

拉丁学名：*Brassica rapa* var. *chinensis*（异名：*Brassica campestris* var. *chinensis*；*Brassica chinensis*）

英文名称：Pak-choi；Paksoi；Pak-tsoi

CAC商品：

　　VL 0466 Chinese cabbage（type Pak-choi）普通白菜

　　VL 0054 Subgroup of leaves of Brassicaceae 叶类芸薹蔬菜亚组

可食部位：全株

植物学分类：十字花科芸薹属一年或二年生草本植物

其他信息：原产亚洲，中国各省栽培，尤以长江流域为广，也称菜秧，一般密播采收幼苗食用。普通白菜是江南地区淡季主要蔬菜。中国北方利用大白菜的种子直播、密播，以幼嫩植株采收供应，或分次间苗供应，也称小白菜。中国江南一带俗称的青菜在植物分类上为白菜（不结球）。小油菜，在北方地区也称油菜、小白菜，叶片椭圆形，叶柄肥厚，青绿色，株型束腰。种植面积较大的省份主要有湖北、广东、河北、福建、四川、河南、广西、云南、江西、江苏等。

中文名称：油菜

别　　名：芸薹、寒菜、胡菜、苦菜、薹芥、瓢儿菜、佛佛菜、油白菜

拉丁学名：*Brassica napus* L.

英文名称：Rape greens

CAC商品：

　　VL 0495 Rape greens　油菜

　　VL 0054 Subgroup of leaves of Brassicaceae　叶类芸薹蔬菜亚组

植物学分类：十字花科芸薹属植物

其他信息：分为冬油菜和春油菜两种。目前油菜主要栽培类型为：白菜型油菜（*Brassica rapa* L.）、芥菜型油菜（*Brassica juncea* L.）、甘蓝型油菜（*Brassica napus* L.）。北方吃的油菜也称为油白菜，其叶柄是油绿色的（白菜的叶柄是白色的），因为叶质肥厚光滑，所以民间称为油菜或油白菜；南方的油菜是指专用于结籽榨油的一种油料作物，幼苗时也很少有人把它当菜吃，见6.1.1油菜籽。

2.3.1.3　叶用莴苣

中文名称：叶用莴苣

别　　名：生菜、千斤菜、散叶莴苣、鹅仔菜、莴仔菜、唛仔菜

拉丁学名：*Lactuca sativa* L. var. *crispa* L.（CAC）；*Lactuca sativa* var. *ramosa* Hort.（中国自然标本馆）

英文名称：Leaf lettuce

CAC 商品：

    VL 0483 Lettuce，leaf　叶用莴苣

    VL 2050 Subgroup of leafy greens　绿叶菜蔬菜亚组

可食部位：叶

植物学分类：菊科莴苣属一年或二年生草本植物

其他信息：原产欧洲地中海沿岸，中国东南沿海特别是大城市近郊、广东和广西地区栽培较多。叶用莴苣依叶的生长形态可分为结球莴苣、皱叶莴苣和直立莴苣。

2.3.1.4　蕹菜

中文名称：蕹菜

别　　名：空心菜、通菜蓊、蓊菜、藤藤菜、通菜、竹叶菜、藤菜

拉丁学名：*Ipomoea aquatica* Forssk.

英文名称：Kangkung；Water spinach

CAC 商品：

    VL 0507 Kangkung　蕹菜

    VL 2054 Subgroup of leafy aquatic vegetables　水生叶类蔬菜亚组

可食部位：茎叶

植物学分类：旋花科甘薯属一年生草本植物

其他信息：中国中部及南部的福建、广西、贵州、四川、福建、江苏、四川、广东等省份常见栽培，北方比较少。蕹菜以栽培条件分为水蕹菜（又称小叶种或大蕹菜）和旱蕹菜（又称大叶种或小蕹菜）。

2.3.1.5 苋菜

中文名称：苋菜

别　　名：苋、米苋、青香苋、玉米菜、红苋菜、千菜谷、红菜、荇菜、寒菜、汉菜、雁来红、老少年、老来少、三色苋

拉丁学名：*Amaranthus* spp.（including *Amaranthus spinosus* L.；*Amaranthus dubius* C. Mart. ex. Thell.；*Amaranthus hypochondriacus* L.；*Amaranthus cruentus* L.；*Amaranthus viridis* L.；*Amaranthus tricolor* L.；*Amaranthus mangostanus* L.）

英文名称：Amaranth；Edible amaranth

CAC商品：

　　VL 0460 Amaranth leaves　苋菜

　　VL 2050 Subgroup of leafy greens　绿叶菜蔬菜亚组

可食部位：茎叶

植物学分类：苋科西苋属一年生草本植物

其他信息：苋菜原产中国、印度及东南亚等地。中国广泛分布在黑龙江、吉林、辽宁、内蒙古、河北、山东、山西、河南、陕西、甘肃、宁夏、新疆等地区。主要有绿苋、红苋、彩苋3种类型。

2.3.1.6　萝卜叶

见2.8.1.1萝卜。

2.3.1.7　甜菜叶

见5.2甜菜。

2.3.1.8　茼蒿

中文名称：茼蒿

别　　名：蒿子秆、蒿了、同蒿、蓬蒿、蒿菜、塘蒿、蓬花菜、皇帝菜、菊花菜、春菊

拉丁学名：*Glebionis coronaria* (L.) Cass. ex Spach；*Chrysanthemum coronarium* L.

英文名称：Garland chrysanthemum；Crown daisy

CAC商品：

　　参见VL 2752 Chrysanthemum，edible leaved

　　VL 2050 Subgroup of leafy greens　绿叶菜蔬菜亚组

可食部位：茎叶

植物学分类：菊科茼蒿属一年生或二年生草本植物

其他信息：原产地中海沿岸。中国分布广泛，但南北各地栽培面积很小。分布在安徽、福建、广东、广西、海南、河北、湖北、湖南、吉林、山东、江苏等省份。有大叶茼蒿和小叶茼蒿两个主要品种，大叶茼蒿又称板叶茼蒿、圆叶茼蒿，适合南方地区栽培；小叶茼蒿又称花叶茼蒿、细叶茼蒿，适合北方地区栽培。

中文名称：山茼蒿

拉丁学名：*Glebionis* spp.

英文名称：Edible leaved chrysanthemum

CAC商品：

　　VL 2752 Chrysanthemum，edible leaved　山茼蒿（裂叶茼蒿）

　　VL 2050 Subgroup of leafy greens　绿叶菜蔬菜亚组

中文名称：南茼蒿

拉丁学名：*Glebionis segetum* (L.) Fourr

英文名称：Corn chrysanthemum

CAC商品：

　　参见VL 2752 Chrysanthemum，edible leaved

　　VL 2050 Subgroup of leafy greens　绿叶菜蔬菜亚组

中文名称：蒿子秆

拉丁学名：*Glebionis carinata* (Schousb.) Tzvelev

英文名称：Tricolor chrysanthemum

CAC商品：

　　参见VL 2752 Chrysanthemum，edible leaved

　　VL 2050 Subgroup of leafy greens　绿叶菜蔬菜亚组

2.3.1.9　叶用芥菜

中文名称：叶用芥菜

别　　名：叶芥菜、芥菜、盖菜、芥、挂菜、青菜、辣菜、春菜、雪里蕻

拉丁学名：*Brassica juncea* (L.) Czern

英文名称：Mustard greens；Leaf mustard

CAC商品：

　　VL 0485 Mustard greens　叶用芥菜

　　VL 0054 Subgroup of leaves of Brassicaceae　叶类芸薹蔬菜亚组

可食部位：茎叶

植物学分类：十字花科芸薹属一年生草本植物

其他信息：多分布于中国长江以南各省份，除高寒和干旱地区外，在中国不存在分布边界，东至沿海各省份，西抵新疆，南至海南三亚，北到黑龙江漠河。从长江中下游平原到青藏高原都有芥菜栽培。中国最广泛栽培的有7个变种：雪里蕻（通称）、榨菜（通称）、油芥菜（《内蒙古植物志》）、大叶芥菜、皱叶芥菜、水东芥菜、大头菜（云南通称）。

2.3.1.10　野苣

野生条件下的苦苣菜。见苦苣。

中文名称：苦苣

别　　名：苦苣菜、苦菜、滇苦菜、苦荬菜、尖叶苦菜、花叶生菜、花苣、菊苣菜

拉丁学名：*Sonchus oleraceus* L.

英文名称：Sowthistle；Endive

CAC商品：

　　VL 0501 Sowthistle　苦苣

　　VL 2050 Subgroup of leafy greens　绿叶菜蔬菜亚组

可食部位：茎叶

植物学分类：菊科苦苣菜属一二年生草本植物

其他信息：原产欧洲南部及东印度，目前在世界各国均有分布。在中国，除气候和土壤条件极端严酷的地区外，几乎遍布各省份。

2.3.1.11　菊苣

中文名称：菊苣

别　　名：苦苣、苦菜、卡斯尼、皱叶苦苣、明目菜、咖啡萝卜、咖啡草

拉丁学名：*Cichorium intybus* L.（菊苣）；*Cichorium intybus* L. var. *foliosum* Hegi（芽球菊苣）

英文名称：Witloof chicory；Chicory

CAC商品：

　　VL 2832 Witloof chicory（sprouts）菊苣芽

　　VL 0053 Group of leafy vegetables　叶菜类蔬菜组

　　VR 0469 Chicory，roots　菊苣根

　　VR 2070 Subgroup of root vegetables　根类蔬菜亚组

　　VL 0469 Chicory leaves　菊苣叶

　　VL 2050 Subgroup of leafy greens　绿叶菜蔬菜亚组

可食部位：芽、叶、根

植物学分类：菊科菊苣属多年生草本植物

其他信息：中国分布于北京（百花山）、黑龙江（饶河）、辽宁（大连）、山西（汾阳）、陕西（西安、眉县）、新疆（阿勒泰、塔城、博乐、沙湾、玛纳斯、米泉、乌鲁木齐、伊宁、察布查尔）、江西（遂川）等地区。广布于欧洲、亚洲、北非。

2.3.1.12 油麦菜

中文名称：油麦菜

别　　名：莜麦菜、苦菜、牛俐生菜

拉丁学名：*Lactuca sativa* L.var. *longifolia* Lam.

英文名称：Cos lettuce

CAC商品：

　　VL 0510 Cos lettuce　油麦菜

　　VL 2050 Subgroup of leafy greens　绿叶菜蔬菜亚组

可食部位：全株

植物学分类：菊科莴苣属一年生或二年生草本植物

其他信息：原种产于地中海沿岸。油麦菜是以嫩梢、嫩叶为产品的尖叶型叶用莴苣，中国多地有栽培。

2.3.2　叶柄类

2.3.2.1　芹菜

中文名称：芹菜

别　　名：胡芹、芹、旱芹、药芹、野圆荽、塘蒿、苦堇

拉丁学名：*Apium graveolens* L. var. *dulce*；*Apium graveolens* L. var. *seccalinum*（Alef）Mansf.

英文名称：Celery

CAC商品：

　　HH 0624 Celery，leaves　芹菜叶

　　HH 2095 Subgroup of herbs（herbaceous plants）草本植物香草亚组

　　HS 0624 Celery，seeds　芹菜籽

　　HS 0190 Subgroup of spices，seeds　籽粒类香料亚组

　　VS 0624 Celery　芹菜

　　VS 2080 Subgroup of stems and petioles　茎及叶柄类蔬菜亚组

可食部位：茎叶、籽

植物学分类：有水芹、旱芹、西芹3种。此处特指旱芹（包括西芹），属伞形科芹亚科美味芹族葛缕子亚族芹属植物

其他信息：中国各省份均有栽培。种植面积比较大的省份有河南、江苏、山东、安徽、广东、湖南、河北、四川等。

2.3.2.2 茴香

中文名称：茴香

别　　名：小茴香、小茴、茴香菜、怀香、小怀香、小香、香丝菜、谷茴香、谷香、浑香、西小茴、川谷香、北茴香、松梢菜、角茴香、土茴香、洋茴香

拉丁学名：*Foeniculum vulgare* Mill. subsp. *vulgare* var. *vulgare* （Florence fennel, seed）；*Foeniculum vulgare* Mill. subsp. *vulgare* var. *azoricum* （Mill.） Thell.

英文名称：Fennel

CAC商品：

　　HH 0731 Fennel, leaves　茴香

　　HH 2095 Subgroup of herbs (herbaceous plants)　草本植物香草亚组

　　HS 0731 Fennel, seed　小茴香籽，茴香籽

　　HS 0190 Subgroup of spices, seeds　籽粒类香料亚组

可食部位：茎叶、籽

植物学分类：伞形科芹亚科茴香属植物

其他信息：原产地中海沿岸，中国各省份都有栽培。茴香籽是中国传统的调味品，也是法国绿茴香酒和茴香甜酒等出口酒的主要香料。

中文名称：球茎茴香

别　　名：意大利茴香、甜茴香、结球茴香

拉丁学名：*Foeniculum vulgare* Mill. subsp. *vulgare* var. *azoricum*（Mill.）Thell.；*Foeniculum vulgare* var. *dulce* Batt. et Trab.

英文名称：Bulb fennel；Florence fennel

CAC商品：

　　VS 0380 Fennel，bulb　球茎茴香

　　VS 2080 Subgroup of stems and petioles　茎及叶柄类蔬菜亚组

可食部位：球茎

植物学分类：属伞形科芹亚科美味芹族西风芹亚族茴香属植物

其他信息：原产意大利南部，中国北京、天津、广东、四川等省份有栽培。嫩叶可供作蔬菜食用或调味用。

2.4　茄果类

2.4.1　番茄　◇

中文名称：番茄

别　　名：西红柿、洋柿子、番柿、柿子、火柿子

拉丁学名：*Lycopersicon esculentum* Mill.（异名：*Solanum lycopersicum* L.）

英文名称：Tomato

CAC商品：

 VO 0448 Tomato　番茄

 VO 2045 Subgroup of tomatoes　番茄类蔬菜亚组

可食部位：果实

植物学分类：茄科茄亚族番茄属一年生或多年生草本植物

其他信息：原产南美洲。中国广泛栽培，种植面积比较大的省份有河南、河北、新疆、山东、江苏、广西、四川、辽宁、陕西、安徽、湖北、甘肃、湖南等。

中文名称：樱桃番茄

别 名：圣女果、袖珍番茄、迷你番茄、小西红柿、樱桃西红柿、小柿子、洋小柿子

拉丁学名：*Lycopersicon esculentum* var. *cerasiforme*（Dunal）A. Gray

英文名称：Cherry tomato

CAC 商品：

VO 2700 Cherry tomato 樱桃番茄

VO 2045 Subgroup of tomatoes 番茄类蔬菜亚组

可食部位：果实

2.4.2 茄子

中文名称：茄子

别　　名：矮瓜、吊菜子、落苏、紫茄、白茄、古名伽、酪酥、昆仑瓜、小菰、紫膨亨

拉丁学名：*Solanum melongena* L.

英文名称：Eggplant

CAC 商品：

VO 0440 Eggplant，various cultivars 茄子

VO 2046 Subgroup of eggplants 茄子类蔬菜亚组

可食部位：果实

植物学分类：茄科茄族茄亚族茄属植物

其他信息：原产亚洲热带。中国各省份均有栽培，种植面积比较大的省份有河南、山东、湖南、四川、江苏、河北、湖北、广东等。植物学将茄子分为3个变种：圆茄、长茄和矮茄。圆茄主要品种有北京大红袍、六叶茄、九叶茄，山东大红袍和天津二敏茄等；长茄有南京紫线茄、北京线茄、广东紫茄和成都黑茄等品种；矮茄有济南一窝猴、北京小圆茄等。

2.4.3 辣椒 ◇

中文名称：辣椒

别　　名：牛角椒、长辣椒、菜椒、灯笼椒、番椒、海椒、秦椒、辣茄、辣子

拉丁学名：*Capsicum annuum* L.（several pungent cultivars）

英文名称：Chili pepper；Pepper

CAC商品：

　　VL 0444 Chili pepper leaves　辣椒叶

　　VL 2050 Subgroup of leafy greens　绿叶菜蔬菜亚组

　　VO 0444 Peppers，chili　辣椒

　　VO 0051 Subgroup of peppers　辣椒类蔬菜亚组

可食部位：果实

植物学分类：茄科茄族茄亚族辣椒属植物。其主要变种甜椒（var. *grossum*），味不辣而略带甜味或稍带椒味

其他信息：本种原来的分布区在墨西哥至哥伦比亚；现在世界各国普遍栽培。中国南北均有栽培，市场上通常出售的甜椒即为此变种；另外还有变种朝天椒（var. *conoides*），成熟后红色或紫色，味极辣；簇生椒（var. *fasciculatum*），通常用作盆景或有少量种植作为蔬菜或调味品，成熟后红色，味很辣。干辣椒是辣椒经过自然晾晒、人工脱水等过程而形成的辣椒产品，主要作为调味料食用。中国辣椒种植面积较多的省份有贵州、河南、云南、湖南、四川、山东、新疆、江苏、湖北、重庆、安徽、河北、广东等。

2.4.4　甜椒

中文名称：甜椒

别　　名：灯笼椒、青椒、柿子椒、甘椒、菜椒、大椒

拉丁学名：*Capsicum annuum* var. *grossum*（L.）Sendt.；*Capsicum annuum* var. *longum*（D. C.）Sendt.

英文名称：Sweet pepper

CAC商品：

　　VO 0445 Peppers，sweet（including pimento or pimiento）甜椒（包括西班牙甜椒或青椒）

　　VO 0051 Subgroup of peppers　辣椒类蔬菜亚组

可食部位：果实

植物学分类：茄科茄族茄亚族辣椒属植物

其他信息：中国南北均有栽培，在山西、山东、内蒙古、吉林、黑龙江等地有大面积种植。是辣椒的一个变种，有红、黄、紫多种颜色，辣味较淡甚至根本不辣，作为蔬菜食用。

2.4.5　黄秋葵

中文名称：黄秋葵

别　　名：咖啡黄葵、秋葵、越南芝麻、羊角豆、黄蜀葵、欧库拉

拉丁学名：*Abelmoschus esculentus*（L.）Moench.

英文名称：Okra

CAC商品：

　　VO 0442 Okra　黄秋葵

　　VO 0051 Subgroup of peppers　辣椒类蔬菜亚组

可食部位：果实

植物学分类：锦葵科木槿族秋葵属植物

其他信息：原产印度，广泛栽培于热带和亚热带地区。中国河北、山东、江苏、浙江、湖南、湖北、云南和广东等省份有引入栽培。

2.4.6　酸浆

中文名称：酸浆

别　　名：酸泡、菇茑、姑娘儿、灯笼草、灯笼果、洛神珠、挂金灯、金灯、锦灯笼、泡泡草、红姑娘、洋姑娘、酸浆番茄

拉丁学名：*Physalis alkekengi* L.；*Physalis ixocarpa* Brot. ex Horn.；*Physalis peruviana* L.

英文名称：Ground cherry；Husk tomato

CAC商品：

　　VO 0441 Ground cherries　酸浆

　　VO 2045 Subgroup of tomatoes　番茄类蔬菜亚组

可食部位：果实

植物学分类：茄科茄族茄亚族酸浆属多年生直立草本植物

其他信息：分布于欧亚大陆。中国产于甘肃、陕西、河南、湖北、四川、贵州和云南。

2.5 瓜类

2.5.1 黄瓜

中文名称：黄瓜

别　　名：胡瓜、刺瓜、王瓜、青瓜

拉丁学名：*Cucumis sativus* L.

英文名称：Cucumber

CAC商品：

　　VC 0424 Cucumber 黄瓜

　　VC 2039 Subgroup of fruiting vegetables，cucurbits—cucumbers and summer squashes 黄瓜和西葫芦瓜类蔬菜亚组

可食部位：果实

植物学分类：葫芦科甜瓜属一年生蔓生或攀缘草本植物

其他信息：黄瓜起源于印度、尼泊尔、不丹、孟加拉国、缅甸、泰国和中国（云南）。常见品种有两大类：有刺黄瓜与无刺黄瓜。中国各地普遍栽培，且许多地区均有温室或塑料大棚栽培。种植面积比较大的省份有河南、河北、山东、辽宁、江苏、湖南、湖北、四川、广西、广东、安徽、陕西等。

中文名称：腌制用小黄瓜

拉丁学名：*Cucumis sativus* L.（pickling cucumber cultivars）

英文名称：Gherkin

CAC商品：

　　VC 0425 Gherkin

　　VC 2039 Subgroup of fruiting vegetables，cucurbits—cucumbers and summer squashes
　　　　黄瓜和西葫芦瓜类蔬菜亚组

2.5.2　小型瓜类

2.5.2.1　西葫芦

中文名称：西葫芦

别　　名：西葫、熊（雄）瓜、白瓜、番瓜、美洲南瓜、小瓜、荨瓜、熏瓜、角瓜、西洋南瓜

拉丁学名：*Cucurbita pepo* L.；*Cucurbita pepo* L. subsp. *pepo*；*Cucurbita pepo* L. subsp. *ovifera*（L.）Harz（several cultivars，immature）

英文名称：Summer squash；Marrow

CAC商品：

　　VC 0431 Squash，summer　西葫芦

　　VC 2039 Subgroup of fruiting vegetables，cucurbits—cucumbers and summer squashes
　　　　　黄瓜和西葫芦瓜类蔬菜亚组

可食部位：果实

植物学分类：葫芦科南瓜属一年生蔓生草本植物

其他信息：原产北美洲南部。从植物学来看，在西葫芦种内还可分为西葫芦亚种、珠瓜亚种、野生亚种，各亚种内还可分为若干变种。有学者根据食用情况把其分为6个种群：①球形种群。蔓生长旺盛，具有大型黄色或橙黄色的果实。形状为扁圆或椭圆形，有纵向条沟，果皮较光滑。②蝶形种群。无蔓丛生，果实扁平，边缘如贝壳状。做馅用时果皮要嫩些。可食用和观赏。③曲颈种群。短蔓丛生。果实橙黄色或白色，全身有瘤状物，颈部长而弯曲。④棒状种群。短蔓丛生或长蔓。果实为棍棒状，果柄处变细。⑤直颈种群。有短蔓丛生和长蔓2种。果实为短棍棒状，有多条纵向沟。夏季采收嫩果，也可采收成熟果。⑥酸浆果（橡树果）种群。短蔓丛生或长蔓。果实中等，果实形状似酸浆果或橡树果，并有深条沟。中国栽培品种有花叶西葫芦、无种皮西葫芦、绿皮西葫芦、长蔓西葫芦等。主要分布于西北和华北，其他地区较少栽植。

2.5.2.2 苦瓜

中文名称：苦瓜

别　　名：癞葡萄、凉瓜、锦荔枝

拉丁学名：*Momordica charantia* L.

英文名称：Bitter melon；Balsam pear

CAC商品：

　　VC 0421 Bitter melon　苦瓜

　　VC 2039 Subgroup of fruiting vegetables，cucurbits—cucumbers and summer squashes
　　　　　　黄瓜和西葫芦瓜类蔬菜亚组

可食部位：果实

植物学分类：葫芦科苦瓜属一年生攀缘草本植物

其他信息：原产印度。苦瓜在中国各地均有栽培，主产于广西、广东、云南、福建等地。

2.5.2.3 普通丝瓜

中文名称：普通丝瓜

别　　名：无棱丝瓜、平滑丝瓜、水瓜、蛮瓜、布瓜

拉丁学名：*Luffa aegyptiaca* Mill.；*Luffa cylindrica*（L.）M. J. Roem

英文名称：Luffa；Smooth loofah；Loofah of latin

CAC商品：

　　VC 0428 Loofah，smooth　普通丝瓜

　　VC 2039 Subgroup of fruiting vegetables，cucurbits—cucumbers and summer squashes 黄瓜和西葫芦瓜类蔬菜亚组

可食部位：果实

植物学分类：葫芦科丝瓜属一年生攀缘草本植物

其他信息：广泛栽培于世界温带、热带地区。中国云南南部有野生，但果较短小。丝瓜起源于亚洲，分布于亚洲、大洋洲、非洲和美洲的热带和亚热带地区。普通丝瓜起源于中国。中国南北方均有种植，其果实短圆柱形或长棒形，长可达20 ~ 100厘米或以上，横径3 ~ 10厘米，无棱，表面粗糙并有数条墨绿色纵沟。

2.5.2.4　有棱丝瓜

中文名称：有棱丝瓜

别　　名：棱角丝瓜、线瓜、角瓜、八角丝瓜

拉丁学名：*Luffa acutangula*（L.）Roxb.

英文名称：Angled loofah

CAC商品：

    VC 0427 Loofah，angled 有棱丝瓜

    VC 2039 Subgroup of fruiting vegetables，cucurbits—cucumbers and summer squashes
        黄瓜和西葫芦瓜类蔬菜亚组

可食部位：果实

植物学分类：葫芦科丝瓜属一年生攀缘草本植物

其他信息：形似普通丝瓜，起源于印度。中国主要分布在广东、广西、福建、海南等地，春、夏、秋均可生产，其果实棒形，长25 ~ 60厘米，横径5 ~ 7厘米，表皮绿色有皱纹。

2.5.2.5 瓠瓜

中文名称：瓠瓜

别　　名：瓠子、扁蒲、葫芦、夜开花、乌瓠、蒲瓜

拉丁学名：*Lagenaria siceraria*（Molina）Standl.［异名：*Lagenaria vulgaris* Ser.；*Lagenaria leucantha*（Duch.）Rusby］

英文名称：Bottle gourd

CAC商品：

    VC 0422 Bottle gourd 瓠瓜

    VC 2039 Subgroup of fruiting vegetables，cucurbits—cucumbers and summer squashes
        黄瓜和西葫芦瓜类蔬菜亚组

可食部位：果实

植物学分类：葫芦科葫芦属一年生蔓生草本植物

其他信息：原产非洲南部，现广泛栽培于世界热带至温带地区。中国各地栽培。

2.5.2.6　节瓜

中文名称：节瓜

别　　名：小冬瓜、毛瓜、节冬瓜

拉丁学名：*Benincasa hispida*（Thunb.）Cogn. var. *chieh-qua* How

英文名称：Chieh qua；Chiehqua

CAC商品：

　　VC 2650 Chieh qua（young Chinese waxgourd，immature fruit）节瓜

　　VC 2039 Subgroup of fruiting vegetables，cucurbits—cucumbers and summer squashes
　　　　　　黄瓜和西葫芦瓜类蔬菜亚组

可食部位：果实

植物学分类：葫芦科冬瓜属冬瓜的一个变种，一年生攀缘草本植物

其他信息：原产中国南部，适合生长在有较高温度、较强光照的地方。现中国南北各地均有栽培，以南方各地栽培较多，主要集中在广东、广西、海南和台湾等地。

2.5.3　大型瓜类 ◆

2.5.3.1　冬瓜

中文名称：冬瓜

别　　名：白瓜、白冬瓜、地芝、枕瓜、水芝、蔬菔

拉丁学名：*Benincasa hispida*（Thunb.）Cogn.（异名：*Benincasa cerifera* Savi）

英文名称：Wax gourd

CAC商品：

    VC 2684 Wax gourd（mature fruit）冬瓜

    VC 2040 Subgroup of fruiting vegetables，cucurbits—melons，pumpkins and winter squashes 甜瓜、南瓜、笋瓜类蔬菜亚组

可食部位：果实，果皮和种子可入药

植物学分类：葫芦科冬瓜属一年生蔓生草本植物

其他信息：起源于中国和东印度，在中国已有2 000多年的栽培历史。广泛分布于亚洲的热带、亚热带及温带地区。冬瓜按果实表皮颜色和被蜡粉与否，可分为青皮冬瓜和白皮（粉皮）冬瓜，多为长圆筒形或短圆筒形，也有扁圆形。小果型冬瓜：早熟或较早熟，果实较小，扁圆、近圆或长圆形，每株数果，果重2 ~ 5千克。大果型冬瓜：中熟或晚熟，果型大，一般单果重10 ~ 20千克（或更重）。中国种植面积较大的省份有四川、广西、山东、海南、浙江，在河北、云南、北京等地也有一定规模。

2.5.3.2　南瓜

中文名称：南瓜

别　　名：倭瓜、番瓜、饭瓜、金瓜、中国南瓜、窝瓜

拉丁学名：*Cucurbita moschata*（Duch. ex Lam.）Duch. ex Poiret；*Cucurbita maxima* Duchesne（mature cultivars）；*Cucurbita argyrosperma* C. Huber；*Cucurbita pepo* L. subsp. *pepo*；*Cucurbita pepo* L.（several cultivars）

英文名称：Pumpkin

CAC商品：

    VC 0429 Pumpkins 南瓜

    VC 2040 Subgroup of fruiting vegetables，cucurbits—melons，pumpkins and winter squashes 甜瓜、南瓜和笋瓜类蔬菜亚组

可食部位：果实

植物学分类：葫芦科南瓜属一年生蔓生草本植物

其他信息：原产南美洲。现中国南北各地广泛种植。全世界的南瓜属植物，栽培南瓜及其野生近缘种共27个，栽培种有5个，即中国南瓜（南瓜，*Cucurbita moschata*）、印度南瓜（笋瓜，*Cucurbita maxima*）、美洲南瓜（西葫芦，*Cucurbita pepo*）、黑籽南瓜（*Cucurbita fieifolia*）和墨西哥南瓜（灰籽南瓜，*Cucurbita mixta*），引入中国的主要是前4个。南瓜的果梗粗壮，有棱和槽，瓜蒂强烈扩大而成喇叭状（西葫芦的果梗也有棱，但基部不扩大成喇叭状，至多是稍增粗；笋瓜的果梗无棱或槽）。

2.5.3.3 笋瓜

中文名称：笋瓜

别　　名：印度南瓜、北瓜、玉瓜、大洋瓜、东南瓜、搅丝瓜、印度南瓜

拉丁学名：*Cucurbita maxima* Duch. ex Lam.；*Cucurbita maxima* subsp. *maxima*；*Cucurbita moschata* Duchesne；*Cucurbita pepo* (L.)；*Cucurbita pepo* subsp. *pepo*；*Cucurbita pepo* var. *ovifera* (L.) Harz

英文名称：Winter squash

CAC商品：

VC 0433 Winter squash　笋瓜

VC 2040 Subgroup of fruiting vegetables，cucurbits—melons，pumpkins and winter Squashes　甜瓜、南瓜、笋瓜类蔬菜亚组

可食部位：果实

植物学分类：葫芦科南瓜属一年生粗壮蔓生藤本植物

其他信息：笋瓜（印度南瓜）原产印度，现在盛产于印度、东南亚国家和中国。在中国，北至黑龙江，南至海南，西至新疆均普遍种植。主要品种有厚皮笋瓜，产于欧洲，中国云南昆明地区有栽培。尖头笋瓜分布于中国黄河以北地区。

2.6　豆类

2.6.1　荚可食类

2.6.1.1　豇豆

中文名称：豇豆

别　　名：角豆、带豆、挂豆角

拉丁学名：*Vigna unguiculata* (L)Walp.；*Vigna unguiculata* (L)Walp. subsp. *unguiculata* [异名：*Vigna sinensis* (L.) Savi ex Hassk.；*Dolichos sinensis* L.]

英文名称：Cowpea

CAC商品：

VL 0527 Cowpea leaves　豇豆叶

VL 2050 Subgroup of leafy greens　绿叶菜蔬菜亚组

VP 0527 Cowpea（immature pods）豇豆嫩荚

VP 2060 Subgroup of beans with pods　带嫩荚菜豆类蔬菜亚组

VP 2846 Cowpea（succulent seeds）豇豆嫩豆

VP 2062 Subgroup of succulent beans without pods　不带嫩荚菜豆类蔬菜亚组

VD 0527 Cowpea（dry）豇豆干豆

VD 2065 Subgroup of dry beans　干大豆类作物亚组

可食部位：嫩荚、嫩豆、籽粒

植物学分类：豆科蝶形花亚科菜豆族菜豆亚族豇豆属一年生缠绕、草质藤本或近直立草本植物

其他信息：豇豆起源于热带非洲，全球热带、亚热带地区广泛栽培。中国各地常见栽培，主要省份有河南、广西、湖南、湖北、四川、江苏、贵州、安徽等。豇豆分为3个亚种：豇豆（饭豆、红豆，*Vigna unguiculata* subsp. *unguiculata*)、长豇豆（豆角、尺八豇，*Vigna unguiculata* subsp. *sesquipedalis*）和短豇豆（短荚豇豆、眉豆、饭豇豆，*Vigna unguiculata* subsp. *cylindrica*)。

中文名称：短豇豆

别　　名：短荚豇豆、眉豆、饭豇豆

拉丁学名：*Vigna unguiculata* (L.) Walp. subsp. *cylindrica* (L.) Verdc. (异名：*Dolichos catjang* Burm.)

英文名称：Catjang

CAC商品：

VP 2841 Catjang (immature pods and succulent seeds) 短豇豆嫩荚和嫩豆

VP 2060 Subgroup of beans with pods 带嫩荚菜豆类蔬菜亚组

VP 2844 Catjang (succulent seeds) 短豇豆嫩豆

VP 2062 Subgroup of succulent beans without pods 不带嫩荚菜豆类蔬菜亚组

中文名称：长豇豆

别　　名：黑眼豆、黑脐豆、饭豆、豆角、长豆角、带豆、筷豆、长荚豇豆

拉丁学名：*Vigna unguiculata* (L.) Walp. subsp. *unguiculata* forma group *sesquipedalis*；*Vigna unguiculata* subsp. *sesquipedalis* (L.) Verdc.

英文名称：Yard-long bean；Blackeyed pea；Southern pea；Asparagus bean

CAC商品：

VD 2896 Yardlong bean (dry) 长豇豆干豆

VD 2065 Subgroup of dry beans 干大豆类作物亚组

VP 0544 Yard-long bean（pods）长豇豆荚

VP 2060 Subgroup of beans with pods 带嫩荚菜豆类蔬菜亚组

2.6.1.2 菜豆

中文名称：菜豆

别　　名：四季豆、二季豆、普通菜豆、芸豆、玉豆、豆角、芸扁豆、京豆、敏豆

拉丁学名：*Phaseolus vulgaris* L.

英文名称：Common bean；Kidney bean

CAC商品：

VD 0526 Common bean（dry）菜豆干豆

VD 2065 Subgroup of dry beans 干大豆类作物亚组

VL 0526 Common bean leaves 菜豆叶

VL 2050 Subgroup of leafy greens 绿叶菜蔬菜亚组

VP 0526 Common bean（poroto）（pods and succulent seeds）菜豆嫩荚和嫩豆

VP 2060 Subgroup of beans with pods 带嫩荚菜豆类蔬菜亚组

VP 2845 Common bean（succulent seeds）菜豆嫩豆

VP 2062 Subgroup of succulent beans without pods 不带嫩荚菜豆类蔬菜亚组

可食部位：嫩荚、嫩豆、籽粒

植物学分类：豆科菜豆亚族菜豆属一年生缠绕或近直立草本植物

其他信息：原产美洲，现广植于热带及温带地区。中国各省份均有栽培，面积较大的有河南、四川、云南、广西、广东、江苏、湖北、湖南等。

2.6.1.3 豌豆

中文名称：豌豆

别　　名：麦豌豆、寒豆、麦豆、雪豆、毕豆、麻累、荷兰豆、回鹘豆、回回百、青斑豆、麻豆、青小豆

拉丁学名：*Pisum* spp.（several species and cultivars）；*Pisum sativum* L. var. *sativum*；*Pisum sativum* L. subsp. *sativum* var. *arvense*（L.）Poir.（异名：*Pisum arvense* L.）

英文名称：Pea；Field pea；Garden pea；Vegetable pea

CAC商品：

VD 0072 Peas（*Pisum* spp.）（dry）豌豆干豆

VD 0561 Field pea（dry）豌豆干豆

VD 2066 Subgroup of dry peas 干豌豆类作物亚组

VP 0538 Podded pea（immature pods）豌豆嫩荚

VP 2061 Subgroup of peas with pods 带嫩荚豌豆类蔬菜亚组

VP 0064 Peas（*Pisum* spp.）without pods（succulent seeds）豌豆类嫩豆

VP 2863 Garden pea（succulent seeds）豌豆嫩豆

VP 2063 Subgroup of succulent peas without pods 不带嫩荚菜豆类蔬菜亚组

可食部位：嫩荚、嫩豆、籽粒、豌豆苗

植物学分类：豆科豌豆属一年生攀缘草本植物

其他信息：豌豆原产地中海沿岸和中亚细亚地区，现在是世界重要的栽培作物之一，主要散布在亚洲和欧洲。

中文名称：皱皮豌豆

拉丁学名：*Pisum sativum* L. convar. *medullare*

英文名称：Wrinkled pea

CAC商品：

    参见VP 2863 Garden pea（succulent seeds）

    VP 2063 Subgroup of succulent peas without pods 不带嫩荚菜豆类蔬菜亚组

2.6.1.4 四棱豆

中文名称：四棱豆

别　　名：翼豆、果阿豆、尼拉豆、皇帝豆、香龙豆、四稔豆、杨桃豆、四角豆、热带大豆

拉丁学名：*Psophocarpus tetragonolobus*（L.）DC

英文名称：Goa bean；Winged bean

CAC商品：

    VP 2847 Goa bean（succulent seeds）四棱豆嫩豆

    VP 2062 Subgroup of succulent beans without pods 不带嫩荚菜豆类蔬菜亚组

    VD 0530 Goa bean（dry）四棱豆干豆

    VD 2065 Subgroup of dry beans 干大豆类作物亚组

    VP 0530 Goa bean（immature pods）四棱豆嫩荚

    VP 2060 Subgroup of beans with pods 带嫩荚菜豆类蔬菜亚组

VR 0530 Goa bean root 四棱豆块根

VR 2071 Subgroup of tuberous and corm vegetables 块茎和球茎类蔬菜亚组

可食部位：嫩荚、嫩豆、籽粒、块根

植物学分类：豆科蝶形花亚科菜豆族菜豆亚族四棱豆属一年生或多年生攀缘草本植物

其他信息：亚洲南部、大洋洲、非洲等地均有栽培。中国云南、广西、广东、海南和台湾有栽培。

2.6.1.5 扁豆

中文名称：扁豆

别　　名：藕豆、火镰扁豆、膨皮豆、藤豆、沿篱豆、鹊豆、峨眉豆、眉豆、龙爪豆

拉丁学名：*Lablab purpureus* (L.) Sweet spp. *purpureus*（异名：*Dolichos lablab* L.；*Lablab niger* Medik；*Lablab vulgaris* Savi）

英文名称：Lablab；Lablab bean

CAC商品：

VP 0531 Lablab bean（pods and succulent seeds）扁豆嫩荚和嫩豆

VP 2060 Subgroup of beans with pods 带嫩荚菜豆类蔬菜亚组

VP 2848 Lablab bean（succulent seeds）扁豆嫩豆

VP 2062 Subgroup of succulent beans without pods 不带嫩荚菜豆类蔬菜亚组

VD 0531 Lablab bean（dry）扁豆干豆

VD 2065 Subgroup of dry beans 干大豆类作物亚组

可食部位：嫩荚、籽粒（可入药）、嫩豆、白花（入药）

植物学分类：豆科蝶形花亚科菜豆族菜豆亚族扁豆属多年生缠绕藤本植物

其他信息：原产印度，分布在热带、亚热带地区，如非洲、印度次大陆与印度尼西亚等。中国各地广泛栽培。主要有紫扁豆和白扁豆，中药常用药为白扁豆（药食同源作物）。

2.6.1.6 刀豆

中文名称：刀豆

别　　名：挟剑豆、野刀板藤、葛豆、刀豆角、刀板豆、大刀豆、菜刀豆

拉丁学名：*Canavalia gladiata* (Jacq.) DC.

英文名称：Sword bean

CAC商品：

　　VD 2898 Sword bean (dry) 刀豆干豆

　　VD 2065 Subgroup of dry beans 干大豆类作物亚组

可食部位：嫩荚、籽粒

植物学分类：豆科蝶形花亚科菜豆族刀豆亚族刀豆属缠绕草本植物

其他信息：中国长江以南各省份有栽培。热带、亚热带及非洲广布。刀豆有两个栽培种，多为蔓生刀豆（*Canavalia gladiata*），荚果大而长扁，略弯曲，长可达30厘米，边缘有凸起的隆脊；另一个是矮生刀豆（*Canavalia ensiformis*），种子椭圆形，略扁，种皮褐色，具线形的种脐，豆荚和种子有毒，须先用盐水煮熟，然后换清水煮，方可食用。

2.6.2　荚不可食类

2.6.2.1　青豆

中文名称：青豆
别　　名：菜用大豆、大豆、黄豆、菽
拉丁学名：*Glycine max* (L.) Merr.
英文名称：Soya bean
CAC商品：

　　VP 0541 Soya bean (succulent seeds) 青豆
　　VP 2062 Subgroup of succulent beans without pods　不带嫩荚菜豆类蔬菜亚组

　　VP 0546 Soya bean (succulent seeds in pods) 毛豆，菜用大豆
　　VP 2060 Subgroup of beans with pods　带嫩荚菜豆类蔬菜亚组

　　VD 0541 Soya bean (dry) 干大豆
　　VD 2065 Subgroup of dry beans　干大豆类作物亚组

　　VL 0541 Soya bean leaves 大豆叶
　　VL 2050 Subgroup of leafy greens　绿叶菜蔬菜亚组

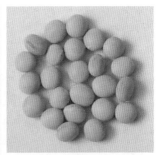
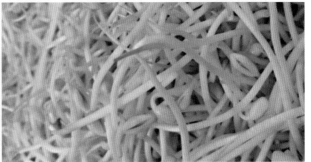

VL 1265 Soya bean sprouts 大豆芽，黄豆芽

VL 2058 Subgroup of sprouts 芽菜亚组

可食部位：籽粒（主要用于加工豆油、酱油等豆制品）、青豆、嫩荚（新鲜连荚的大豆可作为蔬菜食用，称为毛豆，也叫菜用大豆）、叶、大豆芽

植物学分类：豆科大豆属一年生草本植物

其他信息：中国大豆的集中产区在东北平原、黄淮平原、长江三角洲和江汉平原，种植面积较大的省份有黑龙江、安徽、内蒙古、河南、四川、江苏、吉林、山西、贵州、湖北等。其中，东北春播大豆（春大豆）和黄淮海夏播大豆（夏大豆）是中国大豆种植面积最大、产量最高的两个地区。春播大豆的主产区在黑龙江、内蒙古，种植面积较大的省份还有吉林、辽宁、山西、陕西等；夏播大豆种植面积较大的省份有安徽、河南、四川、江苏、山东、贵州等。

2.6.2.2 蚕豆

中文名称：蚕豆

别　　名：胡豆、南豆、竖豆、佛豆、罗汉豆、寒豆

拉丁学名：*Vicia faba* L.

英文名称：Broad bean

CAC商品：

VP 0522 Broad bean（immature pods and succulent seeds）蚕豆嫩荚

VP 2060 Subgroup of beans with pods 带嫩荚菜豆类蔬菜亚组

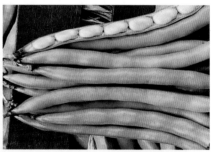

VP 0523 Broad bean，without pods（succulent seeds）蚕豆嫩豆

VP 2062 Subgroup of succulent beans without pods 不带嫩荚菜豆类蔬菜亚组

VD 0523 Broad bean（dry）蚕豆干豆

VD 2065 Subgroup of dry beans 干大豆类作物亚组

可食部位：嫩荚、嫩豆、籽粒

植物学分类：豆科野豌豆属一年生或越年生草本植物

其他信息：原产欧洲地中海沿岸，亚洲西南部至北非。中国各地均有栽培，以长江以南为盛。

2.6.2.3 棉豆

中文名称：棉豆

别　　名：利马豆、莱豆、大莱豆、金甲豆、香豆、大白芸豆、雪豆、懒人豆、细绵豆、哈巴豆、洋扁豆、缅甸豆、仰光豆、马达加斯加豆、雪豆、荷包豆、白豆、观音豆

拉丁学名：*Phaseolus lunatus* L.(异名：*Phaseolus limensis* Macf.；*Phaseolus inamoenus* L.)

英文名称：Lima bean

CAC商品：

VP 0534 Lima bean（succulent seeds）棉豆嫩豆

VP 0062 Beans without pods（*Phaseolus* spp.）（succulent seeds）菜豆嫩豆

VP 2062 Subgroup of succulent beans without pods 不带嫩荚菜豆类蔬菜亚组

VD 0534 Lima bean (dry) 棉豆干豆

VD 0071 Beans (*Phaseolus* spp.) (dry) 菜豆干豆

VD 2065 Subgroup of dry beans 干大豆类作物亚组

可食部位：种子

植物学分类：豆科菜豆属一年生或多年生缠绕草本植物

其他信息：中国云南、广东、海南、广西、湖南、福建、江西、山东、河北等地有栽培。原产热带美洲，现广植于热带及温带地区。

2.7 茎类

2.7.1 芦笋 ◇

中文名称：芦笋

别　　名：露笋、石刁柏、松叶土当归、野天门冬和龙须菜

拉丁学名：*Asparagus officinalis* L.

英文名称：Asparagus

CAC 商品：

VS 0621 Asparagus 芦笋

VS 2081 Subgroup of young shoot 嫩梢类蔬菜亚组

可食部位：嫩茎

植物学分类：天门冬科天门冬属（芦笋属）多年生草本植物

其他信息：芦笋喜夏季温暖、冬季温凉，耐高温能力弱，生长适温25～30℃。广泛分布于中国、秘鲁、德国、法国、西班牙、美国、日本等国家。中国芦笋相对集中的产地分布在山东、江苏、四川、福建，浙江、宁夏等地也有一定的种植规模。

2.7.2　茎用莴苣　◇

中文名称：茎用莴苣

别　　名：莴笋、莴苣笋、青笋、莴菜

拉丁学名：*Lactuca sativa* L. var. *angustina* Irish（异名：*Lactuca sativa* L. var. *asparagina* Bailey）

英文名称：Celtuce；Asparagus lettuce；Stem lettuce；Celery lettuce；Chinese lettuce

CAC商品：

　　VS 0625 Celtuce　茎用莴苣

　　VS 2080 Subgroup of stems and petioles　茎及叶柄类蔬菜亚组

可食部位：茎、叶

植物学分类：菊科莴苣属一年生或二年生草本植物

其他信息：莴苣原产地中海沿岸。中国各地以茎用莴苣栽培为主。

2.7.3 朝鲜蓟

中文名称：朝鲜蓟

别　　名：洋蓟、菜蓟、法国百合、荷花百合、食用蓟

拉丁学名：*Cynara scolymus* L.

英文名称：Globe artichoke；Cardoon

CAC商品：

　　VS 0620 Artichoke，globe　朝鲜蓟

　　VS 2082 Subgroup of other stalk and stem vegetables　其他茎类蔬菜亚组

可食部位：叶柄、花蕾、根（可入药）

植物学分类：菊科菜蓟属多年生草本植物

其他信息：原产地中海沿岸，由菜蓟（*Cynara cardunculus*）演变而成。19世纪由法国传入中国，主要在上海、浙江、湖南、云南等地有少量栽培。朝鲜蓟喜温湿、忌干热，植株生长适温13 ～ 17℃。

2.7.4 大黄

中文名称：大黄

别　　名：食用大黄、圆叶大黄、酸菜、叶用大黄

拉丁学名：*Rheum palmatum* L.；*Rheum × hybridum* Murray

英文名称：Rhubarb

CAC商品：

VS 0627 Rhubarb 大黄

VS 2080 Subgroup of stems and petioles 茎及叶柄类蔬菜亚组

可食部位：叶柄、根状茎及根（入药）

植物学分类：大黄是蓼科大黄属多种多年生植物的合称

其他信息：按叶柄颜色可分为红色和绿色两种类型。一般春季播种，夏秋季采收；在冬季温暖地区，冬季生长，夏季休眠；北方地区春季可进行软化栽培，能连续采收4～10年，于5～7月采收充分长大的肥嫩叶柄。

2.8 根和块茎类

2.8.1 根类 ◆

2.8.1.1 萝卜

中文名称：萝卜

别　　名：莱菔、菜头、芦菔、地苏

拉丁学名：*Raphanus sativus* L.

英文名称：Radish

CAC商品：

VL 2835 Radish sprouts 萝卜芽、娃娃萝卜菜、贝壳菜

VL 2058 Subgroup of sprouts 芽菜亚组

VL 0494 Radish leaves (including radish tops) 萝卜叶

VL 0054 Subgroup of leaves of Brassicaceae 叶类芸薹蔬菜亚组

VR 0494 Radish 萝卜

VR 2070 Subgroup of root vegetables 根类蔬菜亚组

可食部位：肉质根、萝卜芽、种子（榨油、入药）、鲜根（入药）、枯根（入药）、叶（入药）

植物学分类：十字花科萝卜属二年或一年生草本植物

其他信息：国外以日本生产面积最大。中国长江流域栽培较多，种植面积较大的省份有湖北、湖南、四川、河南、广西、云南、重庆、广东、安徽等。

2.8.1.2 胡萝卜

中文名称：胡萝卜

别　　名：黄萝卜、药性萝卜、红萝卜、丁香萝卜、番萝卜、赤珊瑚、黄根

拉丁学名：*Daucus carota* L. var. *sativa* Hoffm.

英文名称：Carrot

CAC商品：

VR 0577 Carrot 胡萝卜

VR 2070 Subgroup of root vegetables 根类蔬菜亚组

可食部位：肉质根

植物学分类：伞形科胡萝卜属一年或二年生草本植物

其他信息：胡萝卜在亚洲、欧洲和美洲地区分布最多。中国各地广泛栽培，种植面积较大的省份有河南、湖南、四川、山东、湖北、河北、安徽、甘肃等。胡萝卜是野胡萝卜（*Daucus carota*）的变种，二者区别在于胡萝卜根肉质，长圆锥形，粗肥，按色泽可分为红、黄、白、紫等数种，中国栽培最多的是红、黄两种。

2.8.1.3　甜菜根

见5.2甜菜。

2.8.1.4　根芹菜

中文名称：根芹菜

别　　名：根洋芹、球根塘蒿、旱芹菜根、根用芹菜、根芹、根用塘蒿

拉丁学名：*Apium graveolens* L. var. *rapaceum*（Mill.）Gaudin

英文名称：Celeriac；Root celery

CAC商品：

    VR 0578 Celeriac　根芹菜

    VR 2070 Subgroup of root vegetables　根类蔬菜亚组

可食部位：肉质根

植物学分类：伞形科芹属芹菜变种，能形成肉质根的二年生草本植物

其他信息：根芹菜原产地中海沿岸的沼泽盐渍土地，由叶用芹菜演变形成。主要分布在欧洲地区，中国近年来引进，仅有少量栽培。在夏季较冷地区，于早春育苗，初夏定植，秋季收获；在夏季较温暖地区，于冬季在温床育苗，早春定植，初夏收获，或者夏季育苗，秋季定植，初冬收获。

2.8.1.5　根芥菜

中文名称：根芥菜

别　　　名：根用芥菜、芥菜头、大头菜、大头芥、辣疙瘩、冲菜、芥头、芥疙瘩、疙瘩菜

拉丁学名：*Brassica juncea*（L.）Czern. subsp. *napiformis*（Pailleux & Bois）Gladis

英文名称：Root mustard

CAC商品：

    VR 2949 Mustard，tuberous rooted Chinese　芥菜头

    VR 2070 Subgroup of root vegetables　根类蔬菜亚组

可食部位：肉质根

植物学分类：十字花科芸薹属芥菜的一个变种

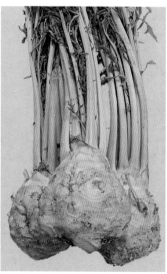

其他信息：依肉质根形状，可分为圆球形、圆锥形和圆柱形3种，多在秋季播种，东北地区为春播，可直播或者育苗移栽。

2.8.1.6 辣根

中文名称：辣根

别　　名：马萝卜、山葵萝卜、西洋山嵛菜、西洋山萮菜

拉丁学名：*Armoracia rusticana* Gaertn. et al.（异名：*Cochlearia armoracia* L.；*Armoracia lapathifolia* Gilib. ex Usteri）

英文名称：Horseradish

CAC商品：

　　VR 0583 Horseradish　辣根

　　VR 2070 Subgroup of root vegetables　根类蔬菜亚组

可食部位：肉质根、嫩叶

植物学分类：十字花科辣根属多年生直立草本植物

其他信息：原产欧洲东部和土耳其。中国山东青岛、上海郊区栽培较早，其他城郊或蔬菜加工基地有少量栽培。华北地区多在3月下旬栽植根段，在冬季温暖地区可10月下旬至11月上旬种植，翌年秋季收获。根有辛辣味，可用来制造绿芥末（青芥辣），添加色素后呈绿色，其辛辣气味强于黄芥末（芥菜种子研磨而成）。

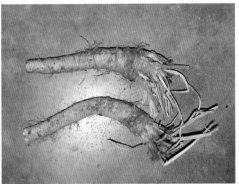

2.8.1.7 芜菁

中文名称：芜菁

别　　名：蔓菁、诸葛菜、大头菜、圆菜头、圆根、盘菜、茎蓝、九英菘

拉丁学名：*Brassica rapa* L. subsp. *rapa*

英文名称：Turnip

CAC 商品：

　　VL 0506 Turnip greens　芜菁叶

　　VL 0054 Subgroup of leaves of Brassicaceae　叶类芸薹蔬菜亚组

　　VR 0506 Turnip，garden　芜菁

　　VR 2070 Subgroup of root vegetables　根类蔬菜亚组

可食部位：叶、茎

植物学分类：十字花科芸薹属二年生草本植物

其他信息：芜菁起源中心在地中海沿岸及阿富汗、巴基斯坦、外高加索等。中国各地有栽培。

2.8.1.8 姜

中文名称：姜

别　　名：生姜、黄姜、姜仔、姜母、川姜、干姜、子姜、羌、茗荷、襄荷、紫姜

拉丁学名：*Zingiber officinale* Roscoe

英文名称：Ginger

CAC商品：

HS 0784 Ginger，rhizome 姜

HS 0193 Subgroup of spices，root or rhizome（includes all commodities in this subgroup）根和根茎类香料亚组

可食部位：根、茎

植物学分类：姜科姜属多年生草本植物

其他信息：姜在中国中部、东南部至西南部广为栽培。山东安丘、昌邑、莱芜、平度大泽山出产的大姜尤为知名。亚洲热带地区也常见栽培。喜温暖，不耐寒，不耐霜，茎叶生长适温为25～28℃，根茎生长适温为18～25℃，适合在无霜期135天以上的地区种植，需在初霜到来之前及时收获。

2.8.2 块茎和球茎类

2.8.2.1 马铃薯

中文名称：马铃薯

别　　名：土豆、洋芋、馍馍蛋、山药蛋、荷兰薯、地蛋、洋山芋

拉丁学名：*Solanum tuberosum* L.（包括其他potato species）

英文名称：Potato

CAC 商品：

VR 0589 Potato 马铃薯

VR 2071 Subgroup of tuberous and corm vegetables 块茎和球茎类蔬菜亚组

可食部位：块茎

植物学分类：茄科茄属一年生草本植物

其他信息：马铃薯主要生产国有中国、俄罗斯、印度、乌克兰、美国等。中国是世界马铃薯总产量最多的国家，种植面积较大的省份有四川、贵州、甘肃、云南、内蒙古、重庆、陕西、湖北、黑龙江、山西、河北、宁夏等。北方多为春季栽培，夏季收获，中原地区春秋均可栽培，秋季或冬前收获；南方地区可冬季栽培，翌年春季收获，西南地区春、秋和冬季均可栽培。马铃薯是块茎繁殖。

2.8.2.2 其他类

2.8.2.2.1 甘薯

中文名称：甘薯

别　　名：番薯、红薯、马旺、山薯、甜薯、刺薯蓣、地瓜、白薯、红苕

拉丁学名：*Ipomoea batatas*（L.）Lam.［*Dioscorea esculenta*（Lour.）Burkill］

英文名称：Lesser yam；Sweet potato

CAC 商品：

VR 0600 Yams，lesser 甘薯

VR 2071 Subgroup of tuberous and corm vegetables 块茎和球茎类蔬菜亚组

VR 0508 Sweet potato 甘薯

VR 2071 Subgroup of tuberous and corm vegetables 块茎和球茎类蔬菜亚组

VS 0508 Sweet potato，stems 甘薯茎

VS 2080 Subgroup of stems and petioles 茎及叶柄类蔬菜亚组

VL 0600 Yam leaves 甘薯叶

VL 2052 Subgroup of leaves of root and tuber vegetables 根和块茎类蔬菜叶亚组

VL 0508 Sweet potato，leaves 甘薯叶

VL 2052 Subgroup of leaves of root and tuber vegetables 根和块茎类蔬菜叶亚组

可食部位：块根、茎叶

植物学分类：旋花科甘薯属一年生或多年生蔓生草本植物

其他信息：甘薯栽培面积以亚洲最多，非洲次之，美洲居第三位。中国是世界上最大的甘薯生产国，以淮海平原、长江流域和东南沿海各省份最多，种植面积较大的有四川、河南、山东、重庆、广东、安徽等地区。甘薯属喜光的短日照作物，性喜温，不耐寒，较耐旱。番薯是甘薯的别称，而红薯、紫薯是红番薯和紫番薯的简称。按用途可分为叶用、块根鲜食用和块根加工用，多于春夏栽培，台湾等冬季温暖地区秋冬种植，叶用薯在茎叶繁茂时采收茎尖，块根薯在块根充分膨大后采收。

2.8.2.2.2 山药

中文名称：山药

别　　名：薯蓣、白苕、脚板苔、山薯、田薯、大薯、佛掌薯

拉丁学名：*Dioscorea* L.（several species）

英文名称：Yam；Chinese yam

CAC商品：

VR 0600 Yams 山药

VR 2071 Subgroup of tuberous and corm vegetables 块茎和球茎类蔬菜亚组

可食部位：块茎

植物学分类：薯蓣科薯蓣属缠绕草质藤本植物

其他信息：分布于朝鲜、日本和中国。在中国分布于河南、安徽、江苏、浙江、江西、福建、台湾、湖北、湖南、广东、贵州、云南北部、四川、甘肃东部和陕西南部等地。中国栽培的山药有普通山药和田薯，其中普通山药又分为佛掌薯、棒山药和长山药，一般于早春终霜前栽培，秋末冬初霜降时收获。

2.8.2.2.3 牛蒡

中文名称：牛蒡

别　　名：牛蒡子、大力子、东洋萝卜、蜘蛛利、蝙蝠刺

拉丁学名：*Arctium lappa* L.（异名：*Lappa officinalis* All.；*Lappa major* Gaertn.）

英文名称：Edible burdock

CAC商品：

VS 3020 Burdock，edible tops 牛蒡

VS 2080 Subgroup of stems and petioles 茎及叶柄类蔬菜亚组

VR 0575 Burdock，greater or edible 牛蒡

VR 2070 Subgroup of root vegetables 根类蔬菜亚组

可食部位：嫩叶、茎

植物学分类：菊科牛蒡属二年生草本植物

其他信息：主要分布于中国、西欧、克什米尔地区等地。中国主要种植省份包括辽宁、吉林、黑龙江、浙江、甘肃、江苏、山东、四川、湖北、河南、河北等。

2.8.2.2.4　木薯

中文名称：木薯

别　　名：树葛

拉丁学名：*Manihot esculenta* Crantz

英文名称：Cassava

CAC 商品：

　　VR 0463 Cassava　木薯

　　VR 2071 Subgroup of tuberous and corm vegetables　块茎和球茎类蔬菜亚组

可食部位：块根

植物学分类：大戟科木薯属直立灌木植物

其他信息：原产巴西，现全世界热带地区广泛栽培。中国福建、台湾、广东、海南、广西、贵州及云南等省份有栽培。

2.9 水生类

2.9.1 茎叶类 ◇

2.9.1.1 水芹

中文名称：水芹

别　　名：水芹菜、野芹菜、刀芹、蕲、楚葵、蜀芹、紫堇

拉丁学名：*Oenanthe javanica*（Blume）de Candolle

英文名称：Water-celery；Water dropwort

CAC 商品：

　　VS 3035 Water-celery　水芹

　　VS 2082 Subgroup of other stalk and stem vegetables　其他茎类蔬菜亚组

可食部位：叶柄

植物学分类：伞形科水芹属多年生草本植物

其他信息：产于中国、印度、缅甸、越南、马来西亚、印度尼西亚及菲律宾等亚洲国家。喜湿润、肥沃土壤。耐涝及耐寒性强。中国中部和南部栽培较多，以江西、浙江、广东、云南和贵州栽培面积较大。

2.9.1.2 豆瓣菜

中文名称：豆瓣菜

别　　名：西洋菜、东洋草、两洋藁、水建藁、水田芥、荷兰芥

拉丁学名：*Nasturtium officinale* W.T Aiton

英文名称：Watercress

CAC商品：

　　VL 0473 Watercress　西洋菜、豆瓣菜

　　VL 2054 Subgroup of leafy aquatic vegetables　水生叶类蔬菜亚组

可食部位：嫩茎叶

植物学分类：十字花科豆瓣菜属多年生水生草本植物

其他信息：原产欧洲，喜生水中、水沟边、山涧河边、沼泽地或水田中，海拔850～3 700米处均可生长。豆瓣菜在广东及广西部分地区常作为蔬菜栽培，全草也可药用。

2.9.1.3 茭白

中文名称：茭白

别　　名：菰笋、菰米、茭儿菜、茭笋、菰实、菰菜、茭首、高笋、茭草、高瓜、菰手、茭瓜、菰首、菰

拉丁学名：*Zizania latifolia*（Griseb.）Stapf

英文名称：Water bamboo

CAC商品：无

可食部位：茎

植物学分类：禾本科菰属多年生浅水草本植物

其他信息：原产中国及东南亚，是一种较为常见的水生蔬菜。在亚洲温带、日本、俄罗斯及欧洲有分布。中国唐代以前，茭白被当作粮食作物栽培，它的种子叫作菰米或雕胡米，是六谷（稌、黍、稷、粱、麦、菰）之一。世界上把茭白作为蔬菜栽培的，只有中国和越南。中国茭白主要分为单季茭和双季茭两类。

2.9.1.4 蒲菜

中文名称：蒲菜

别　　名：深蒲、蒲荔久、蒲笋、蒲芽、蒲白、蒲儿根、蒲儿菜、香蒲、甘蒲、蒲草、草芽

拉丁学名：*Typha latifolia* L.

英文名称：Cattail；Common cattail

CAC商品：

　　VR 3000 Cattail 蒲菜

　　VR 2072 Subgroup of aquatic root and tuber vegetables 水生根和块茎类蔬菜亚组

可食部位：茎

植物学分类：香蒲科香蒲属多年生植物香蒲的假茎

其他信息：中国江苏、浙江、四川、湖南、陕西、甘肃、河北、云南、山西等地都有分布，以南方水乡最多。在贵州，由于生长于沼泽地，花絮形似蜡烛而称为水蜡烛。

2.9.2　果实类 ◆

2.9.2.1　菱角

中文名称：菱角

别　　名：芰、水菱、风菱、乌菱、水栗、菱实、芰实、腰菱

拉丁学名：*Trapa bispinosa* Roxb.；*Trapa natans* L.

英文名称：Water chestnut

CAC商品：

　　MU 0003 Water chestnut　菱角

可食部位：果实

植物学分类：菱科菱属一年生水生草本植物菱的果实

其他信息：原产欧洲，中国、俄罗斯、日本、越南、老挝等有分布。中国南方尤其以太湖地区、珠江三角洲和湖北洪湖分布最多。陕西南部、安徽、江苏、湖南、江西、浙江、福建、广东、台湾等有一定面积的人工栽培。

 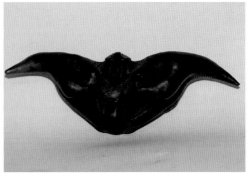

2.9.2.2 芡实

中文名称：芡实

别　　名：芡、鸡头、鸡头米、鸡头果、鸡头实、水鸡头、卵菱、鸡瘫、雁喙实、雁头、乌头、鸿头、水流黄、刺莲蓬实、刀芡实、苏黄、黄实、水底黄蜂

拉丁学名：*Euryale ferox* Salisb.

英文名称：Foxnut；Gordon euryale seed；Seed of gordon euryale

CAC商品：

    MU 0001 Foxnut　芡实

可食部位：果实

植物学分类：睡莲科芡属一年生水生草本植物

其他信息：分布于中国各省份，生于池塘、湖沼中。

2.9.3　根类　◇

2.9.3.1　莲藕

中文名称：莲藕

别　　名：藕、藕节、湖藕、果藕、菜藕、水鞭蓉、荷藕、莲、芙蕖、芙蓉

拉丁学名：*Nelumbo nucifera* Geartn.

英文名称：Lotus tuber；Lotus root

CAC 商品：

MU 0002 Lotus seed 莲子

VR 3002 Lotus tuber 莲藕

VR 2072 Subgroup of aquatic root and tuber vegetables 水生根和块茎类蔬菜亚组

可食部位：种子（莲子）、茎（莲藕）

植物学分类：睡莲科莲属多年生水生草本植物

其他信息：原产印度，喜温，不耐阴。中国各省份均有分布，其中分布面积较大的省份有湖北、江苏、四川、广西、湖南、河南等。

2.9.3.2　荸荠

中文名称：荸荠

别　　名：马蹄、水栗、乌芋、菩荠、地栗、凫茈

拉丁学名：*Eleocharis dulcis*（Burm.）Trin. ex Hensch. [异名：*Heleocharis dulcis*（Burm. f.）Trin]

英文名称：Chinese water chestnut

CAC 商品：

VR 3001 Chinese water chestnut 荸荠

VR 2072 Subgroup of aquatic root and tuber vegetables 水生根和块茎类蔬菜亚组

可食部位：球茎

植物学分类：莎草科荸荠属植物

其他信息：中国各地均有栽培，朝鲜、日本、越南、印度也见分布，以热带和亚热带地区为多。

2.9.3.3 慈姑

中文名称：慈姑

别　　名：藕姑、白地栗、剪刀草、燕尾草、华夏慈姑、水芋、茨菰、慈菰

拉丁学名：*Sagittaria sagittifolia* L.；*Sagittaria latifolia* Willd.

英义名称：Arrowhead；Chinese arrowhead

CAC商品：

VR 0572 Arrowhead　慈姑

VR 2072 Subgroup of aquatic root and tuber vegetables　水生根和块茎类蔬菜亚组

可食部位：球茎

植物学分类：泽泻科慈姑属多年生草本植物

其他信息：原产中国南方，亚洲、欧洲、非洲的温带和热带地区均有分布。中国、日本、印度和朝鲜作为蔬菜食用。在中国主要分布于长江流域及其以南各省份，太湖沿岸及珠江三角洲为主产区，北方有少量栽培。性喜温湿及充足阳光，适于黏壤上生长，一般春夏间栽植。

2.10 其他类

2.10.1 竹笋 ◈

中文名称：竹笋

别　　名：笋、笋用竹、毛竹

拉丁学名：*Arundinaria* spp.；*Bambusa* spp.（including *B. blumeana*；*B. multiplex*；*B. oldhamii*；*B. textilis*）；*Chimonobambusa* spp.；*Dendrocalamus* spp.（including *D. asper*；*D. beecheyana*；*D. brandisii*；*D. giganteus*；*D. laetiflorus* and *D. strictus*）；*Gigantochloa* spp.（including *G. albociliata*；*G. atter*；*G. levis*；*G. robusta*）；*Nastus elatus*；*Phyllostachys* spp.；*Thyrsostachys siamensis*；*Thyrsostachys oliverii* [Poaceae (alt. Gramineae)]

英文名称：Bamboo shoot

CAC商品：

VS 0622 Bamboo shoots　竹笋

VS 2081 Subgroup of young shoots　嫩梢类蔬菜亚组

可食部位：芽

植物学分类：禾本科竹亚科多年生植物

其他信息：原产中国，中国优良笋的主要竹种有长江中下游的毛竹（*Phyllostachys edulis* 'Pubescens'、产于江西、安徽南部、浙江、四川、广西等地区）、早竹（*Phyllostachys violascens*）以及珠江流域、福建、台湾等地的麻竹（*Dendrocalamus latiflorus*）和绿竹（*Bambusa oldhamii*）等。

2.10.2 黄花菜 ◇

中文名称：黄花菜

别　　名：金针菜、柠檬萱草、忘忧草、安神菜、萱草、谖草

拉丁学名：*Hemerocallis fulva*（L.）L.；*Hemerocallis minor* Mill；*Hemerocallis citrina* Baroni；*Hemerocallis lilioasphodelus* L.

英文名称：Daylily

CAC商品：

　　VA 2600 Daylily　黄花菜

　　VA 2031 Subgroup of bulb Onions　鳞茎洋葱类蔬菜亚组

　　VL 2600 Daylily leaves　黄花菜叶

　　VL 2050 Subgroup of leafy greens　绿叶菜蔬菜亚组

可食部位：花朵、叶

植物学分类：百合科萱草属多年生草本植物

其他信息：中国各地均有栽培，以湖南、江苏、浙江、湖北、江西、四川、甘肃、陕西、吉林、广东与内蒙古等地栽培较多，四川渠县被称为"中国黄花之乡"，湖南祁东被称为"黄花菜原产地"。

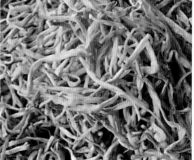

2.11 其他蔬菜

2.11.1 羽衣甘蓝 ◆

中文名称：羽衣甘蓝

别　　名：绿叶甘蓝、菜用羽衣甘蓝、叶牡丹、花包菜、花苞菜

拉丁学名：*Brassica oleracea* L. var. *sabelica* L.

英文名称：Kale

CAC商品：

　　VL 0480 Kale（including among others: Collards，Curly kale，Scotch kale，Thousand-headed kale，Branching bush kale，Jersey kale；not including Marrow-stem kale）羽衣甘蓝

　　VL 0054 Subgroup of leaves of Brassicaceae 叶类芸薹蔬菜亚组

可食部位：嫩叶

植物学分类：十字花科芸薹属，二年生观叶草本植物

其他信息：是结球甘蓝的园艺变种，区别在于羽衣甘蓝的中心不会卷成团。中国大城市公园有栽培，北方多春种或秋种，南方温暖地区可终年栽培。

拉丁学名：*Brassica oleracea* L. convar. *acephala*（D. C.）Alef. var. *sabellica* L.

英文名称：Curly kale

CAC商品：

　　参见 VL 0480 Kale

拉丁学名：*Brassica oleracea* L. var. *ramosa* DC.

英文名称：Branching bush kale

CAC商品：

参见 VL 0480 Kale

拉丁学名：*Brassica oleracea* L. var. *palmifolia* DC.

英文名称：Jersey kale

CAC商品：

参见 VL 0480 Kale

2.11.2 结球莴苣

中文名称：结球莴苣

别　　名：结球生菜、包心生菜、卷心莴苣、西生菜、球莴苣、包心莴苣、卷心莴苣菜、包心妹仔菜、包心媚仔菜

拉丁学名：*Lactuca sativa* L. var. *capitata*

英文名称：Head lettuce；Lettuce

CAC商品：

VL 0482 Lettuce，head 结球莴苣

VL 2050 Subgroup of leafy greens 绿叶菜蔬菜亚组

可食部位：叶球

植物学分类：菊科莴苣一至二年生草本蔬菜

其他信息：原产中近东内陆小亚细亚或地中海沿岸，是北美、南美、西欧及澳大利亚、新西兰、日本等许多国家或地区的快餐中不可缺少的重要蔬菜，栽培极普遍。种子为瘦果，白色、褐色或黑色，纺锤形。

拉丁学名：*Lactuca sativa* var. *capitata*（red cultivar）

英文名称：Red lettuce

CAC商品：

    参见 VL 0482 Lettuce，head

    VL 2050 Subgroup of leafy greens　绿叶菜蔬菜亚组

2.11.3　落葵　◇

中文名称：落葵

别　　名：胭脂豆、软姜子、藤菜、木耳菜、木耳草、飘儿菜、胭脂菜、软浆叶

拉丁学名：*Basella alba* L.

英文名称：Indian spinach；Malabar spinach

CAC商品：

    VL 0503 Spinach，Indian　落葵

    VL 2050 Subgroup of leafy greens　绿叶菜蔬菜亚组

可食部位：全株

植物学分类：落葵科落葵属一年生缠绕草本植物

其他信息：原产亚洲热带地区。中国各地多有种植，南方有逸为野生的。落葵有红花、白花及黑花落葵等，栽培的主要是前两类。

2.11.4 水菜

中文名称：水菜

别　　名：日本京菜、柊菜、千筋菜、京菜、千筋白茎京水菜

拉丁学名：*Brassica rapa* L. subsp. *nipposinica*（L.H. Bailey）Hanelt.；*Brassica rapa* var. *nipposinica*

英文名称：Mizuna

CAC商品：

　　VL 2781 Mizuna　水菜

　　VL 0054 Subgroup of leaves of Brassicaceae　叶类芸薹蔬菜亚组

可食部位：叶

植物学分类：十字花科芸薹属白菜亚种一二年生草本植物

其他信息：日本料理常用蔬菜之一，是日本最新育成的一种外形新颖、矿质营养丰富的蔬菜新品种。外形介于不结球小白菜和花叶芥菜（或雪里蕻）之间，可采食菜苗，掰收分芽株，或整株收获。

2.11.5 刺角瓜

中文名称：刺角瓜

别　　名：火参果、奇瓦诺果、非洲蜜瓜、非洲角瓜、火星果、火天桃、爆炸果

拉丁学名：*Cucumis metuliferus* E. Meyer ex Naudin

英文名称：African horned melon

CAC商品：

　　VC 2680 African horned melon　刺角瓜

　　VC 2040 Subgroup of fruiting vegetables，cucurbits—melons，pumpkins and winter
　　　　　　squashes　甜瓜、南瓜和笋瓜类蔬菜亚组

可食部位：块茎

植物学分类：葫芦科甜瓜属一年生蔓生草本植物

其他信息：新西兰、美国、澳大利亚、智利、德国、津巴布韦等国家均有栽培。刺角瓜是热带植物，适合在炎热、干燥的气候条件下生长，生长适温15℃以上。刺角瓜在CAC分类中归为葫芦科果菜组，在我国建议将其归类到瓜类蔬菜中的小型瓜类，代表性作物为西葫芦。

2.11.6 佛手瓜 ◇

中文名称：佛手瓜

别　　名：千金瓜、隼人瓜、安南瓜、寿瓜、丰收瓜、洋瓜、合手瓜、合掌瓜、香黄瓜、捧瓜、土耳瓜、棚瓜、虎儿瓜、瓦瓜、拳头瓜、万年瓜、洋丝瓜、菜肴梨

拉丁学名：*Sechium edule* (Jacq.) Schwartz（异名：*Chayota edulis* Jacq.）

英文名称：Chayote；Mirliton（美国路易斯安那州和密西西比州）；Brionne（法国）；Choko（澳大利亚）

CAC商品：

VC 0423 Chayote　佛手瓜

VC 2039 Subgroup of fruiting vegetables，cucurbits—cucumbers and summer squashes
黄瓜和西葫芦瓜类蔬菜亚组

VL 0423 Chayote leaves　佛手瓜叶

VL 2056 Subgroup of leaves of Cucurbitaceae　叶类葫芦科蔬菜亚组

VR 0423 Chayote root　佛手瓜根

VR 2071 Subgroup of tuberous and corm vegetables　块茎和球茎类蔬菜亚组

可食部位：果实、叶、块根

植物学分类：葫芦科佛手瓜属植物

　　其他信息：原产墨西哥、中美洲和西印度群岛。中国江南一带有种植。佛手瓜以嫩瓜为主要食用部位，嫩茎叶称为龙须菜，也可食用，地下块根富含淀粉，也是食用部位。

2.11.7　蛇瓜 ◇

　　中文名称：蛇瓜

　　别　　名：蛇王瓜、蛇豆、蛇丝瓜、大豆角

　　拉丁学名：*Trichosanthes cucumerina* L.（异名：*Trichosanthes anguina* L.）

　　英文名称：Snake gourd

　　CAC商品：

　　　VC 0430 Snake gourd　蛇瓜

　　　VC 2039 Subgroup of fruiting vegetables，cucurbits—cucumbers and summer squashes
　　　　　　黄瓜和西葫芦瓜类蔬菜亚组

可食部位：果实

植物学分类：葫芦科栝楼属一年生攀缘草本植物

其他信息：原产印度、马来西亚，广泛分布于东南亚各国和澳大利亚，在西非、美洲热带和加勒比海等地也有分布。中国各地均有栽培，以南方较多，北方大部分地区近两年栽培面积逐年增大，山东青岛地区种植较多。蛇瓜适应性强，耐高温，耐低温，抗干旱，抗病虫害能力较强。

2.11.8 芦蒿

中文名称：芦蒿

别　　名：蒌蒿、水蒿、香艾蒿、水艾、柳蒿芽、蒌蒿薹、藜蒿

拉丁学名：*Artemisia selengensis* Turcz. ex Bess

英文名称：Seleng wormood

CAC商品：无

可食部位：嫩茎、芦芽、根状茎

植物学分类：菊科蒿属多年生草本植物

其他信息：有白芦蒿、绿芦蒿和红芦蒿。多生于低海拔地区的河湖岸边与沼泽地带，在沼泽化草甸地区常形成小区域植物群落的优势种与主要伴生种；可亭立水中生长，也见于湿润的疏林中、山坡上、路旁、荒地上等。产自中国黑龙江、吉林、辽宁、内蒙古（南部）、河北、山西、陕西（南部）、甘肃（南部）、山东、江苏、安徽、江西、河南、湖北、湖南、广东（北部）、四川、云南及贵州等省份；蒙古国、朝鲜及苏联（西伯利亚及远东地区）也有分布。

2.11.9 桔梗 ◆

中文名称：桔梗

别　　名：地参、四叶菜、绿花银、梗草、道拉基、和尚头、铃铛花

拉丁学名：*Platycodon grandiflorus* (Jacq.) A. DC.

英文名称：Bellflower；Radix platycodi

CAC商品：

　　VR 2940 Bellflower，Chinese 桔梗

　　VR 2070 Subgroup of root vegetables 根类蔬菜亚组

　　VL 2940 Bellflower，Chinese leaves 桔梗叶

　　VL 2052 Subgroup of leaves of root and tuber vegetables 根和块茎类蔬菜叶亚组

可食部位：肉质根、嫩茎叶

植物学分类：桔梗科桔梗属多年生草本植物

其他信息：在春季直接播种或者育苗移栽，春夏季采收嫩茎叶，秋冬季采收肉质根。产自中国东北、华北、华东、华中各省份以及广东、广西（北部）、贵州、云南东南部（蒙自、砚山、文山）、四川（平武、凉山以东）、陕西。朝鲜、日本、俄罗斯（远东和东西伯利亚地区的南部）也有分布。

2.11.10　芋

中文名称：芋

别　　名：芋艿、芋头、青芋、毛芋、毛芋头

拉丁学名：*Colocasia esculenta*（L.）Schott var. *esculenta*

英文名称：Taro

CAC商品：

　　VR 0505 Taro　芋头

　　VR 2071 Subgroup of tuberous and corm vegetables　块茎和球茎类蔬菜亚组

　　VS 0505 Taro stems　芋头茎

　　VS 2080 Subgroup of stems and petioles　茎及叶柄类蔬菜亚组

　　VL 0505 Taro leaves　芋叶

　　VL 2052 Subgroup of leaves of root and tuber vegetables　根和块茎类蔬菜叶亚组

可食部位：球茎、叶

植物学分类：天南星科芋属多年生草本植物，做一年生植物栽培

其他信息：原产中国和印度、马来半岛等的热带地区。埃及、菲律宾、印度尼西亚爪哇岛等热带地区也盛行栽种。中国以珠江流域及台湾地区种植最多，长江流域次之，其他省份也有种植。

2.11.11 魔芋 ◇

中文名称：魔芋

别　　名：蒟蒻、蒻头、鬼芋、花梗莲、虎掌、药芋、蛇头草、花秆莲、麻芋子

拉丁学名：*Amorphophallus konjac* K. Koch

英文名称：Konjac；Elephant-foot yam

CAC商品：

　　VR 2980 Konjac　魔芋

　　VR 2071 Subgroup of tuberous and corm vegetables　块茎和球茎类蔬菜亚组

可食部位：茎

植物学分类：天南星科魔芋属多年生草本植物

其他信息：中国魔芋的适宜种植区主要分布在东南山地、云贵高原、四川盆周山地等热带、亚热带湿润季风气候区域。魔芋全株有毒，以块茎为最，不可生吃，需加工后方可食用。

2.11.12 雪莲果 ◇

中文名称：雪莲果

别　　名：菊薯、雪莲薯、地参果

拉丁学名：*Smallanthus sonchifolius* (Poepp. & Endl.) H. Rob. （异名：*Polymnia sonchifolia* Poepp.）

英文名称：Yacon

CAC商品：

　　VR 2983 Yacon　雪莲果

　　VR 2071 Subgroup of tuberous and corm vegetables　块茎和球茎类蔬菜亚组

可食部位：块茎

植物学分类：菊科包果菊属多年生草本植物

其他信息：原产从智利中北部到秘鲁、厄瓜多尔、玻利维亚的南美洲安第斯山脉的中高原地带。新西兰、日本、巴西、韩国、欧洲国家和中国有引种栽培。中国引种栽培地主要有云南（昆明嵩明）、福建（泉州德化、永泰伏口乡）、贵州（威宁、瓮安、罗甸、贵阳永乐乡、六盘水）、四川（西昌）、湖南、湖北（恩施、建始、宣恩）、陕西（麟游）、河南（郑州）、山东、河北、台湾、海南、北京、天津、辽宁（大连）等地。

2.11.13　香椿芽

中文名称：香椿芽

别　　名：椿芽、香椿、椿、春阳树、春甜树、红椿、柿、檫

拉丁学名：*Cedrela sinensis* (A. Juss.) M. Roem.

英文名称：Toona sinensis；Chinese toon

CAC商品：

　　VL 2813 Toona sinensis　香椿

　　VL 2053 Subgroup of leaves of trees，shrubs and vines　树、灌木、藤本植物叶亚组

可食部位：嫩茎叶

植物学分类：楝科楝属乔木植物

其他信息：中国、日本少数国家用香椿做蔬菜。中国山东、安徽、河南和陕西等地广泛栽培，广西北部、湖南西部、贵州和四川等地栽培也较多。

2.11.14　仙人掌

中文名称：仙人掌

别　　名：仙巴掌、霸王树、火焰、火掌、牛舌头、观音掌、龙舌、玉芙蓉

拉丁学名：*Opuntia ficus-indica* (L.) P. Miller；*Opuntia engelmannii* Salm-Dyck ex Engelm. var. *lindheimeri* (Engelman.) B.D. Parfitt & Pinkava

英文名称：Prickly pear；Cactus pad

CAC商品：

　　FI 0356 Prickly pear　仙人掌

　　FI 2024 Subgroup of assorted tropical and sub-tropical fruits—inedible peel —cactus 仙人掌类皮不可食热带及亚热带水果亚组

　　VS 0356 Prickly pear pads　仙人掌

　　VS 2082 Subgroup of other stalk and stem vegetables 其他茎类蔬菜亚组

可食部位：茎、果实

植物学分类：仙人掌科仙人掌属植物

其他信息：原产墨西哥、美国、西印度群岛、百慕大群岛和南美洲北部。中国南方沿海地区常见栽培。仙人掌喜阳光、温暖，耐旱、怕寒冷、怕涝，忌酸性土壤，适合在中性、微碱性土壤中生长。

3 水　果

3.1　柑橘类

3.1.1　橘 ◆

中文名称：橘

别　　名：橘子、橘橙

拉丁学名：*Citrus nobilis* Lour.；*Citrus reticulata* Blanco；*Citrus tangarina* Hort. ex Tan.；*Citrus ponnensis* Hort.；*Citrus chyrosocarpa* Lush；*Citrus reshni* Hort.

英文名称：Tangerine；Tangors

CAC商品：

    同 FC 0206 Mandarin

    FC 0003 Subgroup of mandarins　柑橘类水果亚组

    HS 3383 Peel　皮

    HS 0197 Subgroup of spices，citrus peel　陈皮亚组

可食部位：果肉、果皮

植物学分类：芸香科柑橘属小乔木果树

其他信息：原产中国。中国主产地有广西、湖南、江西、四川、广东、湖北、重庆、福建、浙江、云南、贵州、陕西等。果形扁圆，红或黄色，皮薄而光滑易剥，味微甘酸。

3.1.2 橙 ◆

中文名称：橙

别　　名：柳橙、黄果、金环、柳丁

拉丁学名：*Citrus sinensis* Osbeck（异名：*Citrus aurantium* var. *sinensis* L.；*Citrus dulcis* Pers.；*Citrus aurantium* var. *vulgare* Risso & Poit.；*Citrus aurantium* var. *dulce* Hayne）；*Citrus aurantium* L.（异名：*Citrus vulgaris* Risso；*Citrus bigarradia* Loisel；*Citrus communis* Le Maout & Dec.）

英文名称：Orange

CAC商品：

FC 0208 Orange，sweet　甜橙

FC 0207 Orange，sour　酸橙

FC 0004 Subgroup of oranges，sweet，sour—including orange—like hybrids　甜酸橙子类水果亚组

HS 3382 Peel　皮

HS 0197 Subgroup of spices，citrus peel　陈皮亚组

可食部位：果肉、果皮（入药）

植物学分类：芸香科柑橘属乔木果树

其他信息：甜橙原产中国南方及亚洲的中南半岛。主要栽培品种有甜橙、脐橙、糖橙、血橙。果实近球形，成熟时心实，果皮橙黄色，粗厚而不易剥落。

3.1.3 柑

中文名称：柑

别　　名：新会柑、金实、柑子、木奴、瑞金奴

拉丁学名：*Citrus reticulata* Blanco ［异名：*Citrus nobilis* Andrews（non Lour.）；*Citrus poonensis* Hort. ex Tanaka；*Citrus chrysocarpa* Lush.］

英文名称：Mandarin

CAC商品：

　　FC 0206 Mandarin　柑

　　FC 0003 Subgroup of mandarins　柑橘类水果亚组

　　HS 3383 Peel　皮

　　HS 0197 Subgroup of spices，citrus peel　陈皮亚组

可食部位：果肉、果皮

植物学分类：芸香科柑橘属小乔木果树

其他信息：中国是世界柑橘类果树的原产中心，自长江两岸到福建、浙江、广东、广西、云南、贵州、台湾等省份都产柑橘。柑的果形正圆，黄赤色，皮紧纹细不易剥，多汁甘香。树皮、叶、花、种子均可入药。

中文名称：温州蜜柑

拉丁学名：*Citrus unshiu*；*Citrus reticulata* Blanco ssp. *unshiu* (Marcow.)D.Rivera Núñez et al.

英文名称：Satsuma orange；Satsuma；Satsuma mandarin；Unshu orange

CAC商品：

　　FC 2212 Unshu orange，参见FC 0206 Mandarins

　　FC 0003 Subgroup of mandarins　柑橘类水果亚组

其他信息：温州蜜柑属宽皮柑橘类水果。主产于浙江温州，又称无核橘。原品种起源于中国，可能是浙江本地广橘（属柑类）的实生变异。目前中国栽种的品系是从日本引种，有些是从引种品系中经多年栽培后产生的新系。目前较普遍栽种的有龟井、宫川、元红、松木、茶山、尾张、池田等品系。

中文名称：宽皮柑橘

别　　名：黄果、广柑、广橘、橘子

拉丁学名：*Citrus reticulata*

英文名称：Tankan mandarin

CAC商品：

　　参见FC 0206 Mandarins

　　FC 0003 Subgroup of mandarins　柑橘类水果亚组

其他信息：宽皮柑橘较甜橙耐寒，抗柑橘溃疡病，挂果性能好，适应性强，易栽易管，剥皮容易。在世界柑橘业中，宽皮柑橘的地位仅次于甜橙。中国是世界上最大的宽皮柑橘生产国，生产的宽皮柑橘约为世界总产量的一半。其他宽皮柑橘生产国有西班牙、日本、巴西、韩国等。

3.1.4　柠檬

中文名称：柠檬

别　　名：柠果、洋柠檬、益母果

拉丁学名：*Citrus limon* Burm. f.(异名：*Citrus medica* var. *limon* L.；*Citrus limonum* Risso；*Citrus medica* var. *limonum* Hook. f.；*Citrus jambhiri* Lush.)

英文名称：Lemon

CAC商品：

　　FC 0204 Lemon　柠檬

　　FC 0002 Subgroup of lemons and limes　柠檬与青柠类水果亚组

HS 3381 Lemon，peel 柠檬皮

HS 0197 Subgroup of spices，citrus peel 陈皮亚组

可食部位：果肉、果皮

植物学分类：芸香科柑橘属植物

其他信息：柠檬原产马来西亚，意大利、法国及地中海沿岸、东南亚和美洲等地都有分布。中国台湾、四川、浙江、福建、广东、广西等地也有栽培。果实黄色椭圆形或卵形，两端狭，顶部通常较狭长并有乳头状突尖，果皮厚，通常粗糙，难剥离。

3.1.5 柚 ◇

中文名称：柚

别　　名：文旦

拉丁学名：*Citrus maxima* (Burm.) Merr. [异名：*Citrus grandis* (L.) Osbeck；*Citrus aurantium* var. *decumana* L.；*Citrus decumana* Murr.]

英文名称：Pummelo

CAC 商品:

　　FC 0209 Pummelo　柚

　　FC 0005 Subgroup of pummelo and grapefruits—including shaddock—like hybrids, among others grapefruit　柚类水果亚组

可食部位:果肉、果皮

植物学分类:芸香科柑橘属乔木植物

其他信息:中国长江以南各地栽培,最北界限见于河南信阳及南阳一带。东南亚各国有栽种。果圆球形、扁圆形、梨形或阔圆锥状,横径通常10厘米以上,淡黄或黄绿色,杂交种有朱红色,果皮甚厚或薄,海绵质。

3.1.6　佛手柑　◇

中文名称:佛手柑

别　　名:佛手、手橘、九爪木、五指橘、飞穰、蜜萝柑、五指香橼、川佛手

拉丁学名:*Citrus aurantium* ssp. *bergamia*

英文名称:Bergamot

CAC 商品:

　　参见 FC 0207 Orange,sour

　　FC 0004 Subgroup of oranges,sweet,sour—including orange—like hybrids　甜酸橙子类水果亚组

可食部位：果肉

植物学分类：芸香科柑橘属植物

其他信息：佛手为热带、亚热带植物。中国广东多种植在海拔300～500米的丘陵平原开阔地带，四川多分布于海拔400～700米的丘陵地带，尤其在丘陵顶部较多。柑果卵形或矩圆形，长10～25厘米，顶端分裂如拳，或张开如指，外皮鲜黄色，有乳状突起，无肉瓤与种子。繁殖方式：扦插、压条、嫁接。

3.1.7 金橘

中文名称：金橘

别　　名：金柑

拉丁学名：*Fortunella japonica*（Thunberg）Swingle；*Fortunella margarita*（Loureiro）Swingle

英文名称：Kumquats

CAC商品：

　　FC 0303 Kumquats　金橘

　　FC 0002 Subgroup of lemons and limes　柠檬和青柠类水果亚组

可食部位：全果（果肉和果皮）

植物学分类：芸香科金橘属常绿灌木

其他信息：中国南方各地栽种，以台湾、浙江、福建、江苏、广东、广西、四川栽种较多。

3.2 仁果类

3.2.1 苹果

中文名称：苹果

别　　名：奈、奈子、平安果、智慧果、记忆果、林檎、联珠果、频婆、苹婆、严波、平波、超凡子、天然子、滔婆

拉丁学名：*Malus domestica* Borkhausen

英文名称：Apple

CAC商品：

　　FP 0226 Apple　苹果

　　FP 0009 Group of pome fruits　仁果类水果组

可食部位：果实

植物学分类：蔷薇科苹果亚科苹果属落叶果树

其他信息：果皮底色在果实未成熟时一般表现为深绿色，在果实成熟后一般表现为不同程度的红色、绿色和黄色。苹果套袋栽培能显著提高果实的外观品质。全世界栽培品种总数在1 000个以上。中国早期栽培的苹果品种有片红、彩苹、白檎等，属于早熟种，不耐储藏，俗称绵苹果，河北、山西、陕西、甘肃等地有少量生产。近代传入中国的苹果，俗称西洋苹果，是在1870年开始引入山东烟台，之后在山东青岛、威海以及辽宁、河北等地陆续栽培。现在中国苹果的早熟品种有黄魁、红魁、金花、早生赤，中熟品种有祝、旭、金冠、优花皮，晚熟品种有红玉、国光、白龙、元帅、香蕉等。生产量较大的省份有陕西、山东、河南、山西、河北、甘肃、辽宁、新疆、四川、宁夏、江苏、云南、安徽等。以辽宁营口（熊岳）、大连，河北昌黎，山东烟台、青岛等地为重点产区。

3.2.2 梨 ◇

中文名称：梨

别　　名：无

拉丁学名：*Pyrus* spp.；*Pyrus communis* L.；*Pyrus bretschneideri* Rhd.；*Pyrus sinensis* L.

英文名称：Pear

CAC商品：

　　FP 0230 Pear 梨

　　FP 0009 Group of pome fruits 仁果类水果组

可食部位：果实

植物学分类：蔷薇科梨属多年生落叶果树（乔木）

其他信息：中国梨的主产地在河北，面积较大的省份还有山东、新疆、辽宁、河南、安徽、陕西、四川、山西、江苏、云南、湖北、重庆等。山东烟台栽培品种有海阳秋月梨、黄县长把梨、栖霞大香水梨、莱阳茌梨（慈梨）、莱西水晶梨和香水梨。河北保定、邯郸、石家庄、邢台一带，主要品种为鸭梨、雪花梨、圆黄梨、雪青梨、红梨。安徽砀山及周围一带为酥梨产区。辽宁绥中、北镇、义县、鞍山、阜新等地主产秋白梨、鸭梨和秋子梨系统的一系列品种。山西高平为大黄梨产区，山西原平以黄梨和油梨为主栽品种。甘肃兰州以出产冬果梨闻名。四川的金川雪梨和苍溪雪梨，浙江、上海及福建一带的翠冠梨，新疆的库尔勒香梨和酥梨，山东烟台、辽宁大连的西洋梨，河南洛阳的孟津梨均闻名世界。梨树对土壤的适应能力很强，不论山地、丘陵、沙荒地、洼地、盐碱地和红壤地，都能生长结果。梨果套袋可减少病虫危害，改善果实外观品质。

拉丁学名：*Pyrus pyrifolia*（Burm.）Nakai

英文名称：Oriental pear；Sand pear；Nashi pear

CAC 商品：

　　参见 FP 0230 Pear

　　FP 0009 Group of pome fruits　仁果类水果组

拉丁学名：*Pyrus elaeagrifolia* Pallas

英文名称：Wild pear

CAC 商品：

　　FP 2224 Wild pear

　　FP 0009 Group of pome fruits　仁果类水果组

3.2.3　榅桲 ◇

中文名称：榅桲

别　　名：金苹果、木梨

拉丁学名：*Cydonia oblonga* P. Miller［异名：*Cydonia vulgaris* Persoon；*Chaenomeles speciosa*（sweet）Nakai］

英文名称：Quince

CAC 商品：

FP 2221 Chinese Quince　中国榅桲

FP 0231 Quince　榅桲

FP 0009 Group of pome fruits　仁果类水果组

可食部位：果实

植物学分类：蔷薇科榅桲属多年生落叶果树（灌木或小乔木）

其他信息：榅桲是欧洲、中亚和中国新疆（阿克苏、喀什、和田、库尔勒等地）的古老果树。中国江苏、山东、湖北、河北、陕西、东北等地亦有种植。

3.2.4　柿　◇

中文名称：柿

别　　名：柿子、红嘟嘟、朱果、红柿、猴枣

拉丁学名：*Diospyros kaki* Thunb.（异名：*Diospyros chinensis* Blume）

英文名称：Persimmon；Kaki fruit

CAC 商品：

FP 0307 Persimmon，Japanese　日本柿

FP 0009 Group of pome fruits　仁果类水果组

可食部位：果实

植物学分类：柿科柿属多年生落叶果树（乔木）

其他信息：原产中国长江流域，现在产量较大的省份有广西、河北、河南、陕西、福建、广东等。柿树是深根性树种，又是阳性树种，喜温暖气候，充足阳光，以及深厚、肥沃、湿润、排水良好的土壤，适生于中性土壤中，较耐寒，较耐瘠薄，抗旱性强，不耐盐碱土。中国栽培的柿树有许多品种，其中一些著名或优良品种有河北、河南、山东、山西的大磨盘柿，陕西临潼的火晶柿，陕西三原的鸡心柿，浙江的古荡柿，广东的大红柿，广西北部的恭城水柿，阳朔、临桂的牛心柿等。

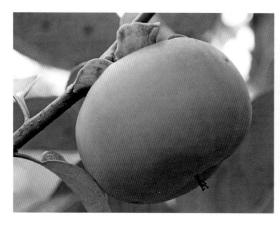

3.2.5 山楂 ◇

中文名称：山楂

别　　名：山里果、山里红、酸里红、山里红果、酸枣、红果、红果子、山林果

拉丁学名：*Crataegus pinnatifida* Bunge

英文名称：Hawthorn

CAC商品：

　　HS 3310 Chinese hawthorn　中国山楂

　　HS 0191 Subgroup of spices，fruit or berries（includes all commodities in this subgroup）
　　　　果实和浆果类香料亚组

可食部位：果实

植物学分类：蔷薇科山楂属多年生落叶果树（乔木）

其他信息：原产中国、朝鲜和俄罗斯西伯利亚。中国黑龙江、吉林、辽宁、内蒙古、河北、河南、山东、山西、陕西、江苏等地区均有种植。生于山坡林边或灌木丛中，海拔100 ～ 1 500米。

中文名称：夏花山楂

拉丁学名：*Crataegus* spp.

英文名称：Mayhaw

CAC商品：

　　FP 2222 Mayhaw　夏花山楂

　　FP 0009 Group of pome fruits　仁果类水果组

可食部位：果实

3.3　核果类

3.3.1　桃 ◇

中文名称：桃

别　　名：桃果、普通桃

拉丁学名：*Prunus persica* (L.) Batsch（异名：*Prunus vulgaris* Mill.）

英文名称：Peach

CAC商品：

　　FS 0247 Peach　桃

　　FS 2001 Subgroup of peaches　桃类水果亚组

可食部位：果实

植物学分类：蔷薇科李属桃亚属多年生落叶果树（中小乔木）

其他信息：原产中国，现世界各地均有栽培。中国主要经济栽培地区在华北、华东各省份，产量较大的省份有山东、河北、河南、山西、湖北、陕西、安徽、江苏等。

3.3.2　枣 ◇

中文名称：枣

别　　名：枣子、大枣、刺枣、贯枣、红枣、美枣、良枣

拉丁学名：*Ziziphus jujuba* Mill.

英文名称：Jujube

CAC商品：

    FS 0302 Jujube，Chinese 中国枣

    FS 0014 Subgroup of plums（including fresh prunes）李子类水果亚组

可食部位：果实

植物学分类：鼠李科枣属多年生落叶果树（小乔木）

其他信息：本种原产中国，亚洲、欧洲和美洲常有栽培。中国广为栽培，产量较大的省份有新疆、河北、山东、陕西、山西、河南、甘肃、辽宁、宁夏等。生长于海拔1 700米以下的山区、丘陵或平原。

中文名称：冬枣

别   名：雁来红、苹果枣、冰糖枣、黄骅冬枣、庙上冬枣、沾化冬枣

拉丁学名：*Ziziphus jujuba* cv. Dongzao

英文名称：Winter jujube

其他信息：冬枣主要分布在河北、山东交界的渤海湾地区。河北黄骅是"中国冬枣之乡"，其冬枣种植已有近3 000年的历史。

3.3.3 油桃

中文名称：油桃

别　　名：李光桃

拉丁学名：*Prunus persica* (L.) Batch var. *nectarina*；*Prunus persica* var. *nectarine* Maxim

英文名称：Nectarine

CAC商品：

　　FS 0245 Nectarine　油桃

　　FS 2001 Subgroup of peaches　桃类水果亚组

可食部位：果实

植物学分类：蔷薇科李属桃亚属多年生落叶果树（中小乔木）

其他信息：油桃是普通桃（果皮外被茸毛）的变种，果实表面光滑无毛，一般果实稍小于普通桃。源于中国，主产区以山东、河北等北方地区为主。现在亚洲及北美洲皆有分布。

3.3.4 杏

中文名称：杏

别　　名：普通杏、杏子、甜梅、金杏、梅杏

拉丁学名：*Armeniaca vulgaris* Lam.（异名：*Prunus armeniaca* L.）

英文名称：Apricot

CAC商品：

　　FS 0240 Apricot　杏

　　FS 2001 Subgroup of peaches　桃类水果亚组

可食部位：果实

植物学分类：蔷薇科杏属多年生落叶果树（乔木）

其他信息：原产亚洲西部及中国华北、西北地区。"三北"地区是中国杏的主产区。种植面积较大的省份有新疆、内蒙古、河北、陕西、辽宁等，尤其以新疆地区种植面积最大。中国东北高寒地区，西北干旱、半干旱地区和长江流域高温多湿地区均有优良的地方品种。

3.3.5 枇杷

中文名称：枇杷

别　　名：芦橘、金丸、芦枝、炎果、焦子

拉丁学名：*Eriobotrya japonica* (Thunberg ex J.A. Murray) Lindley；*Eriobotrya japonica* Lindl.

英文名称：Loquat

CAC商品：

　FP 0228 Loquat　枇杷

　FP 0009 Group of pome fruits　仁果类水果组

可食部位：果实、叶（入药）

植物学分类：蔷薇科枇杷属多年生常绿果树（乔木）

其他信息：原产中国东南部，广泛分布在甘肃、陕西、河南、江苏、安徽、浙江、江西、湖北、湖南、四川、云南、贵州、广西、广东、福建、台湾等省份。日本、印度、越南、缅甸、泰国、印度尼西亚也有栽培。中国浙江杭州（塘栖软条白沙）、江苏苏州（东山照种白沙枇杷、西山青种枇杷）和福建莆田（宝坑解放钟）为中国二大枇杷产地。枇杷的果实为球形或长圆形，直径2～5厘米，黄色或橘黄色，外有锈色柔毛，不久脱落；叶子大而长，厚而有茸毛，呈长椭圆形，状如琵琶；枇杷叶可入药。

3.3.6 李

中文名称：李

别　　名：李子、嘉庆子、玉皇李、山李子、嘉应子、布霖、布朗

拉丁学名：*Prunus domestica* L.；*Prunus* spp.

英文名称：Plum

CAC 商品：

　　FS 2234 Plum　李

　　FS 0014 Subgroup of plums（including fresh prunes）李子类水果亚组

可食部位：果实

植物学分类：蔷薇科李亚科李属多年生落叶果树（乔木）

其他信息：李子在中国各省份及世界各地均有栽培，为温带的重要果树之一。中国多分布于辽宁、吉林、陕西、甘肃、山东、四川、云南、贵州、湖南、湖北、江苏、浙江、江西、福建、广东、广西和台湾等地。

中文名称：日本李

拉丁学名：*Prunus salicina* Lindley；*Prunus triflora* Roxb.

英文名称：Japanese plum

CAC商品：

参见 FS 0014 Subgroup of plums（including fresh prunes）李子类水果亚组

中文名称：海滨李

拉丁学名：*Prunus maritime* Marshall

英文名称：Beach plum

CAC商品：

FS 2235 Plum，beach 海滨李

FS 0014 Subgroup of plums（including fresh prunes）李子类水果亚组

拉丁学名：*Prunus angustifolia* Marsh.

英文名称：Chickasaw plum

CAC商品：

FS 0248 Plum，Chickasaw

FS 0014 Subgroup of plums（including fresh prunes）李子类水果亚组

拉丁学名：*Prunus domestica* × *Prunus armeniaca*

英文名称：Plumcot

CAC商品：

FS 2236 Plumcot

FS 0014 Subgroup of plums（including fresh prunes）李子类水果亚组

3.3.7 樱桃 ◆

中文名称：樱桃

别　　名：中国樱桃、车厘子、荆桃、楔桃、牛桃、樱珠、含桃、玛瑙

拉丁学名：*Cerasus pseudocerasus*

英文名称：Cherry

CAC商品：

　　参见FS 0013 Subgroup of cherries　樱桃类水果亚组

可食部位：果实

植物学分类：蔷薇科樱属多年生落叶果树（乔木）

其他信息：中国主要产地有黑龙江、吉林、辽宁、山东、安徽、湖北、江苏、浙江、河南、甘肃、陕西、四川等地。

中文名称：黑樱桃

拉丁学名：*Cerasus maximowiczii*（Rupr.）Kom.（异名：*Prunus maximowiczii* Rupr.）

英文名称：Black cherry

CAC商品：

　　FS 2230 Cherry，black　黑樱桃

　　FS 0013 Subgroup of cherries　樱桃类水果亚组

中文名称：毛樱桃

拉丁学名：*Cerasus tomentosa*（Thunb.）Wall.（异名：*Prunus tomentosa* Thunb.）

英文名称：Nanking cherry

CAC商品：

　　FS 2231 Cherry，Nanking　毛樱桃

　　FS 0013 Subgroup of cherries　樱桃类水果亚组

中文名称：酸樱桃

拉丁学名：*Cerasus vulgaris* Mill.（异名：*Prunus cerasus* L.）

英文名称：Sour cherry

CAC商品：

    FS 0243 Cherry，sour 酸樱桃

    FS 0013 Subgroup of cherries 樱桃类水果亚组

中文名称：甜樱桃

拉丁学名：*Cerasus avium* L.（异名：*Prunus avium* L.）

英文名称：Sweet cherry

CAC商品：

    FS 0244 Cherry，sweet 甜樱桃

    FS 0013 Subgroup of cherries 樱桃类水果亚组

3.4 浆果和其他小型水果

3.4.1 藤蔓和灌木类 ◆

3.4.1.1 枸杞

中文名称：枸杞

别　　名：枸杞子、枸杞头、天精、仙人杖、地仙、地骨皮、苦杞、枸杞菜

拉丁学名：*Lycium barbarum* L.；*Lycium chinensis* Mill.

英文名称：Goji berry；Wolfberry

CAC商品：

    VO 2704 Goji berry 枸杞

    VO 2045 Subgroup of tomatoes 番茄类蔬菜亚组

可食部位：果实

植物学分类：茄科枸杞属多年生落叶果树（蔓生灌木）

其他信息：枸杞属分为7种3变种：枸杞，变种为北方枸杞；云南枸杞；截萼枸杞；黑果枸杞；新疆枸杞，变种为红枝枸杞；柱筒枸杞；宁夏枸杞，变种为黄果枸杞。广泛种植于宁夏、甘肃、内蒙古、青海及新疆等多个省份的干旱半干旱地区。宁夏枸杞在中国的栽培面积最大。

3.4.1.2 其他类

3.4.1.2.1 蓝莓

中文名称：蓝莓

别　　名：无

拉丁学名：*Vaccinium angustifolium* Aiton（*V. brittoni* Porter）；*Vaccinium corymbosum* L.；*Vaccinium formosum* Andrews（*V. australe* Small）；*Vaccinium myritiloides* Michx；*Vaccinium myrtillus* L.；*Vaccinium virgatum* Aiton（*V. ashei* Reade）；*Vaccinium simulatum* Small；*Vaccinium uliginosum* L.

英文名称：Blueberry

CAC商品：

　FB 0020 Blueberries 蓝莓

　FB 2006 Subgroup of bush berries 灌木类浆果亚组

可食部位：果实

植物学分类：杜鹃花科越橘属落叶灌木

其他信息：蓝莓是越橘属可食用蓝色浆果的统称，包含越橘属（*Vaccinium*)的多个种，如狭叶越橘（Lowbush blueberry，*Vaccinium angustifolium*）、北高丛越橘（Highbush blueberry，*Vaccinium corymbosum*）、南高丛越橘（*Vaccinium formosum*)、绒叶越橘（*Vaccinium myritiloides*)、欧洲越橘（Bilberry，*Vaccinium myrtillus*)、兔眼越橘（Rabbiteye blueberry，

Vaccinium virgatum)、高原高丛越橘（*Vaccinium simulatum*)和笃斯越橘（Bog bilberry，*Vaccinium uliginosum*)。中国常见的是笃斯越橘。

中文名称：笃斯越橘

别　　名：笃斯、笃柿、嘟嗜、都柿、甸果

拉丁学名：*Vaccinium uliginosum* L.

英文名称：Bog bilberry

CAC商品：

　　FB 0262 Bilberry，bog　笃斯越橘

　　FB 2006 Subgroup of bush berries　灌木类浆果亚组

可食部位：果实

植物学分类：杜鹃花科越橘属落叶灌木

其他信息：笃斯越橘是中国蓝莓中的常见种。产于中国东北，生于海拔900～2 300米的针叶林、灌丛、高山草原、沼泽湿地。俄罗斯、朝鲜半岛、日本及欧洲、北美洲亦有。

中文名称：越橘

别　　名：无

拉丁学名：*Vaccinium vitis-idaea* L.

英文名称：Red bilberry；Cowberry

CAC商品：

　　FB 0263 Bilberry，red　越橘

　　FB 2006 Subgroup of bush berries　灌木类浆果亚组

可食部位：果实

植物学分类：杜鹃花科越橘属常绿矮小灌木

其他信息：产于中国东北及陕西、新疆等地。常见于海拔900～3 200米处，常成片生长。全球环北极分布。

中文名称：蔓越莓

别　　名：蔓越橘、鹤莓

拉丁学名：*Vaccinium macrocarpon* Aiton

英文名称：Cranberry

CAC商品：

　　FB 0265 Cranberry　蔓越莓

　　FB 2009 Subgroup of low growing berries　矮生浆果类亚组

可食部位：果实

植物学分类：杜鹃花科越橘属常绿小灌木

其他信息：蔓越莓主要生长在寒冷的北半球。中国黑龙江抚远的红海蔓越莓基地是亚洲最大的蔓越莓种植基地。

3.4.1.2.2 桑葚

中文名称：桑葚

别　　名：葚、黑葚、桑葚子、桑蔗、桑枣、桑果、桑泡儿、乌葚、桑实、文武实、桑粒、桑藨

拉丁学名：*Morus* L.；*Morus alba* L.；*Morus nigra* L.；*Morus rubra* L.

英文名称：Mulberry

CAC商品：

　　FB 0271 Mulberries　桑葚

　　FB 2007 Subgroup of large shrub/tree berries　大型灌木/木本类浆果亚组

可食部位：果实

植物学分类：桑科桑属乔木或灌木

其他信息：桑原产中国，生长在温带和亚热带。桑树在中国分布很广，有20多个省份栽桑养蚕、采叶食果。桑树栽培面积较大的省份有浙江、江苏、四川、重庆、广东、山东、新疆、湖北、安徽等，以山东和新疆果桑栽培面积最大。有早、中、晚熟品种，露地、大棚、盆栽均可。

3.4.1.2.3 树莓

中文名称：树莓

别　　名：山莓

拉丁学名：*Rubus corchorifolius* L. f.

英文名称：Raspberry

CAC商品：

　　FB 0272 Raspberries，red，black（红、黑）树莓

　　FB 2005 Subgroup of cane berries 藤蔓类浆果亚组

可食部位：果实

植物学分类：蔷薇科悬钩子属多年生小灌木

其他信息：北自黑龙江、辽宁、吉林，南到广东、广西均有分布，目前主要在东北栽培，多长于山谷、荒地、灌丛、溪边等，海拔一般在300 ～ 1 500米。通常悬钩子属的红树莓（*Rubus idaeus*）、黑树莓（*Rubus occidentalis*）和茅莓悬钩子（*Rubus parvifolius*）等也统称为树莓。

3.4.1.2.4 醋栗

中文名称：醋栗

别　　名：灯笼果、狗葡萄、山麻子

拉丁学名：*Ribes uva-crispa* L.（异名：*Ribes grossularia* L.）

英文名称：Gooseberry

CAC商品：

　　FB 0268 Gooseberry 醋栗

　　FB 2006 Subgroup of bush berries 灌木类浆果亚组

可食部位：果实

植物学分类：醋栗科醋栗属落叶灌木

其他信息：中国主产区在黑龙江和吉林，辽宁、内蒙古、甘肃等地有少量引种栽培。在黑龙江主要分布于阿城、尚志、海林等地；吉林主要分布在蛟河、延边等地。

拉丁学名：*Ribes aureum* var. *villosum* DC.（异名：*Ribes odoratum* H.Wendl)

英文名称：Buffalo currant

CAC商品：

　　FB 2242 Buffalo currant

　　FB 2006 Subgroup of bush berries　灌木类浆果亚组

3.4.1.2.5　唐棣

中文名称：唐棣

别　　名：枎栘、红栒子

拉丁学名：*Sorbus torminalis*（L.）Crantz；*Sorbus domestica* L.；*Sorbus aucuparia* L.

英文名称：Service berry

CAC商品：

　　FB 0274 Service berries　唐棣

　　FB 2007 Subgroup of large shrub/tree berries　大型灌木/木本类浆果亚组

可食部位：果实

植物学分类：蔷薇科唐棣属小乔木

其他信息：原产美国阿拉斯加州中部到科罗拉多州的落基山脉。在中国分布于河南、甘肃、陕西、湖北、四川等地。

3.4.2　小型攀缘类

3.4.2.1　皮可食

3.4.2.1.1　葡萄

中文名称：葡萄

别　　名：草龙珠、赐紫樱桃、菩提子、山葫芦、李桃、提子、美国黑提

拉丁学名：*Vitis* L.；*Vitis vinifera* L.（several cultivars）

英文名称：Grape

CAC商品：

　　FB 0269 Grapes　葡萄

　　FB 2008 Subgroup of small fruit vine climbing　小型攀缘藤本类浆果亚组

可食部位：果实

植物学分类：葡萄科葡萄属多年生落叶果树（藤本）

其他信息：葡萄可分为鲜食葡萄、酿酒葡萄和制干葡萄。我国葡萄栽培有西北干旱、半干旱产区，黄土高原产区，黄河故道产区，冀北产区，渤海湾产区，华中、华东、华南产区，西南产区，东北产区等八大产区。葡萄产量较大的省份有新疆、河北、山东、云南、浙江、辽宁、河南、陕西、江苏、广西、安徽等。主要栽培形式有露地防寒栽培、普通露地栽培、设施促成栽培、设施延迟栽培、设施避雨栽培、一年两熟栽培等。

3.4.2.1.2 五味子

中文名称：五味子

别　　名：玄及、会及、五梅子、山花椒、壮味、五味、吊榴、秤砣子、药五味子、面藤

拉丁学名：*Schisandra chinensis*（Turcz.）Baill.；*Schizandra chinensis*（Turoz.）Baill.

英文名称：Schisandraberry

CAC商品：

　　FB 2259 Schisandraberry　五味子

　　FB 2008 Subgroup of small fruit vine climbing　小型攀缘藤本类浆果亚组

可食部位：果实

植物学分类：五味子科五味子属落叶果树（藤本）

其他信息：目前主要为野生。主要分布于中国的东北，其次是河北、山西和山东等地。

3.4.2.2 皮不可食

3.4.2.2.1 猕猴桃

中文名称：猕猴桃

别　　名：猕猴梨、藤梨、毛木果、奇异果、木子

拉丁学名：*Actinidia chinensis* Planch.；*Actinidia deliciosa*（A. Chev.)C. F. Liang & A. R. Ferguson

英文名称：Kiwifruit

CAC 商品：

　　FI 0341 Kiwifruit 猕猴桃

　　FI 2025 Subgroup of assorted tropical and sub-tropical fruits—inedible peel—vines 藤本
　　　　类皮不可食热带及亚热带水果亚组

可食部位：果实

植物学分类：猕猴桃科猕猴桃属多年生落叶果树（藤本）

其他信息：猕猴桃原产中国，多数在秦岭以南。主产区在陕西、河南、四川，产量较大的省份还有湖南、贵州、浙江、江西、湖北等。主要有美味猕猴桃和中华猕猴桃两个种。美味猕猴桃枝干和果实外表皮覆有茸毛（如秦美、徐香、海沃德等），中华猕猴桃枝干和果实外表皮比较光滑（如红阳、黄金果等）。

中文名称：软枣猕猴桃

别　　名：软枣子、奇异莓

拉丁学名：*Actinidia arguta*（Siebold & Zucc.）Planch.

英文名称：Arguta kiwifruit

CAC商品：

    FB 2257 Arguta kiwifruit 软枣猕猴桃

    FB 2008 Subgroup of small fruit vine climbing 小型攀缘藤本类浆果亚组

可食部位：果实

植物学分类：猕猴桃科猕猴桃属多年生落叶果树（藤本）

其他信息：中国从东北的黑龙江岸至南方广西境内的五岭山地都有分布，主要生长在陕西秦岭、湖南、江西、安徽、浙江等地。

3.4.2.2.2 西番莲

中文名称：西番莲

别   名：百香果、鸡蛋果、受难果、巴西果、藤桃

拉丁学名：*Passiflora edulis* Sims

英文名称：Passion fruit

CAC商品：

    FI 0351 Passion fruit 西番莲

    FI 2025 Subgroup of assorted tropical and sub-tropical fruits—inedible peel—vines 藤
        本类皮不可食热带及亚热带水果亚组

可食部位：果实

植物学分类：西番莲科西番莲属多年生藤本植物

其他信息：原产巴西，主要产地是澳大利亚、美国、南非、肯尼亚等。中国在福建、广东、广西、云南有一定的栽培生产。主要有黄果种、紫果种、绿果种及黄果种与紫果种杂交种四大类型品种。

中文名称：大果西番莲

拉丁学名：*Passiflora quadrangularis* L.

英文名称：Giant granadilla

CAC商品：

    FI 2561 Granadilla，giant 大果西番莲

    FI 2025 Subgroup of assorted tropical and sub-tropical fruits—inedible peel—vines 藤
本类皮不可食热带及亚热带水果亚组

中文名称：香蕉西番莲

拉丁学名：*Passiflora tripartita* (Juss.) Poir. var. *mollissima*

英文名称：Banana passion fruit

CAC商品：

    FI 2564 Passion fruit，banana 香蕉西番莲

    FI 2025 Subgroup of assorted tropical and sub-tropical fruits—inedible peel—vines 藤
本类皮不可食热带及亚热带水果亚组

3.4.3 草莓

中文名称：草莓

别   名：洋莓、地莓、地果、红莓、士多啤梨、凤梨草莓、菠萝莓、高粱果、地桃

拉丁学名：*Fragaria* L.；*Fragaria* × *ananassa* Duchene ex Rozier

英文名称：Strawberry

CAC商品：

    FB 0275 Strawberry 草莓

    FB 2009 Subgroup of low growing berries 矮生浆果亚组

可食部位：果实

植物学分类：蔷薇科草莓属多年生草本植物

其他信息：草莓主要分布在亚洲、欧洲和美洲。国内遍及全国各地，种植面积较大的省份有河北、山东、辽宁、甘肃、安徽、河南、江苏、上海、四川等。北方种植区栽培方式多种多样，常见有露地栽培、小拱棚早熟栽培、大棚半促成栽培等，中部地区是地膜覆盖的露地栽培、小拱棚早熟栽培、大棚促成与半促成栽培等多种方式共存，南部早期为地膜覆盖的露地栽培，近年来大棚栽培也逐渐成为主要栽培方式。

3.5 热带和亚热带水果

3.5.1 皮可食 ◇

3.5.1.1 杨桃

中文名称：杨桃

别　　名：阳桃、洋桃、五敛子、三廉子

拉丁学名：*Averrhoa carambola* L.

英文名称：Carambola

CAC商品：

　　FT 0289 Carambola　杨桃

　　FT 2012 Subgroup of assorted tropical and sub-tropical fruits—edible peel—large　中型、
　　　　　大型皮可食热带及亚热带水果亚组

可食部位：果实

植物学分类：酢浆草科杨桃属乔木

其他信息：原产东南亚热带地区，广泛种植于热带各地。中国福建、广东、广西、云南等地均普通栽培。分为甜杨桃和酸杨桃两大类。

3.5.1.2　杨梅

中文名称：杨梅

别　　名：圣生梅、白蒂梅、树梅、龙睛、朱红

拉丁学名：*Myrica rubra* Sieb. et Zucc.（异名：*Morella rubra* Lour）

英文名称：Bayberry

CAC商品：

　FT 2303 Bayberry，red　杨梅

　FT 2011 Subgroup of assorted tropical and sub-tropical fruits—edible peel—small　小型
　　　　 皮可食热带及亚热带水果亚组

可食部位：果实

植物学分类：杨梅科杨梅属常绿乔木

其他信息：杨梅原产中国浙江余姚，印度、日本和韩国有少量栽培，东南亚国家如缅甸、越南、菲律宾等也有分布。中国是主要杨梅生产国，杨梅栽培面积占全球的90%以上，以东魁、荸荠种、丁岙、晚稻等4个品种栽培最广，主产区包括浙江、江苏、福建等省份。

3.5.1.3 番石榴

中文名称：番石榴

别　　名：芭乐、鸡屎果、拔子、喇叭、喇叭番石榴、翻桃子、番桃、饭桃、鸡屎拔、秋果、鸡矢果、林拔、拔仔、椰拔、木八子、番鬼子、百子树、罗拔、花稔、郊桃、番稔、冬果、木仔

拉丁学名：*Psidium guajava* L.

英文名称：Guava

CAC商品：

　　FT 0336 Guava　番石榴

　　FT 2012 Subgroup of assorted tropical and sub-tropical fruits—edible peel—large　中型、
　　　　　　大型皮可食热带及亚热带水果亚组

可食部位：果实

植物学分类：桃金娘科番石榴属常绿灌木或乔木

其他信息：番石榴原产南美洲，现广泛分布于热带及亚热带地区。中国南方各省（自治区）多有分布。

3.5.1.4 橄榄

中文名称：橄榄

别　　名：黄榄、青果、青榄、山榄、白榄、红榄、青子、谏果、忠果

拉丁学名：*Canarium album* (Lour.) Raeusch.；*Canarium pimela* Koenig（异名：*Canarium tramdenum* C.D.Dai&Yakovlev）

英文名称：Olive

CAC商品：

FT 0293 Chinese olive，black，white　橄榄

FT 2011 Subgroup of assorted tropical and sub-tropical fruits—edible peel—small　小型皮可食热带及亚热带水果亚组

SO 0305 Olives for oil production　榨油橄榄

SO 2093 Subgroup of oilfruits　油果类作物亚组

可食部位：果实，种仁可食，亦可榨油

植物学分类：橄榄科橄榄属乔木

其他信息：橄榄为中国特产，原产华南。在中国广泛分布于亚热带地区。越南、老挝、柬埔寨、泰国、缅甸、印度及马来西亚也有栽培。

3.5.1.5 无花果

中文名称：无花果

别　　名：阿驲、阿驿、映日果、优昙钵、蜜果、文仙果、奶浆、奶浆果、树地瓜、明目果、菩提圣果、天生子

拉丁学名：*Ficus carica* L.

英文名称：Fig

CAC商品：

    FT 0297 Fig 无花果

    FT 2012 Subgroup of assorted tropical and sub-tropical fruits—edible peel—large 中型、
          大型皮可食热带及亚热带水果亚组

可食部位：果实

植物学分类：桑科榕属落叶乔木或灌木（热带近于常绿）

其他信息：原产亚热带和热带地区，主产于小亚细亚卡里卡、沙特阿拉伯和也门等
地。中国南北均有栽培，新疆南部尤多。

3.5.2 皮不可食

3.5.2.1 小型果

3.5.2.1.1 荔枝

中文名称：荔枝

别　　名：丹荔、火山荔、勒荔

拉丁学名：*Litchi chinensis* Sonn.（异名：*Nephelium litchi* Camb.）

英文名称：Litchi

CAC商品：

    FI 0343 Litchi 荔枝

    FI 2021 Subgroup of assorted tropical and sub-tropical fruits—inedible peel—small 小
          型皮不可食热带及亚热带水果亚组

植物学分类：无患子科荔枝属常绿乔木

其他信息：荔枝原产中国南部，分布于中国西南部、南部和东南部，主产于广东、广西、福建和海南，主产区产量占全国产量的95%以上。亚洲东南部也有栽培，非洲、美洲和大洋洲有引种记录。

3.5.2.1.2　龙眼

中文名称：龙眼

别　　名：桂圆、三尺农味、益智、羊眼、牛眼、比目、荔枝奴、亚荔枝、木弹、骊珠、燕卵、鲛泪、圆眼、蜜脾

拉丁学名：*Dimocarpus longan* Lour. [异名：*Nephelium longana* (Lam.) Camb.；*Euphoria longana* Lam.]

英文名称：Longan

CAC商品：

　FI 0342 Longan　龙眼

　FI 2021 Subgroup of assorted tropical and sub-tropical fruits—inedible peel—small　小型皮不可食热带及亚热带水果亚组

可食部位：果实，龙眼肉、核、皮及根均可入药

植物学分类：无患子科龙眼属常绿乔木

其他信息：龙眼原产中国南部地区，分布于中国华南、华东和西南亚热带地区。亚洲南部和东南部也常有栽培。龙眼栽培品种主要有储良、石硖、福眼、大乌圆、广眼、蜀冠等。

3.5.2.1.3 黄皮

中文名称：黄皮

别　　名：黄弹、黄弹子、黄段、油皮、油梅、黄皮果

拉丁学名：*Clausena lansium*（Lour.）Skeels

英文名称：Wampi

CAC商品：

　FI 2463 Wampi 黄皮

　FI 2021 Subgroup of assorted tropical and sub-tropical fruits—inedible peel—small 小型皮不可食热带及亚热带水果亚组

可食部位：果实

植物学分类：芸香科黄皮属小乔木

其他信息：原产中国华南地区，是热带及亚热带地区的一种特产果树。

3.5.2.1.4　红毛丹

中文名称：红毛丹

别　　名：毛荔枝、韶子、红毛果、毛龙眼

拉丁学名：*Nephelium lappaceum* L.

英文名称：Rambutan

CAC商品：

　　FI 0358 Rambutan　红毛丹

　　FI 2023 Subgroup of assorted tropical and sub-tropical fruits—inedible rough or hairy peel—large　大型粗糙或毛状皮不可食热带及亚热带水果亚组

可食部位：果实

植物学分类：无患子科韶子属常绿乔木

其他信息：红毛丹原产马来群岛，种植于高温多湿的低海拔环境，泰国、马来西亚和印度尼西亚等国有较大面积的生产。

3.5.2.2　中型果

3.5.2.2.1　杧果

中文名称：杧果

别　　名：芒果、檬果、闷果、马蒙、抹猛果、望果、蜜望、蜜望子、面果、庵罗果拉丁学名：*Mangifera indica* L.

英文名称：Mango

CAC商品：

　　FI 0345 Mango 杧果

　　FI 2022 Subgroup of assorted tropical and sub-tropical fruits—inedible smooth peel—
　　　　large 大型皮不可食热带及亚热带水果亚组

可食部位：果实

植物学分类：漆树科杧果属常绿乔木

　　其他信息：杧果原产亚洲南部，是热带水果，分布于印度、孟加拉国、中南半岛
和马来西亚。中国主栽品种主要有台农1号、金煌芒、凯特芒、贵妃芒、紫花芒、桂热
芒82等。

3.5.2.2.2　油梨

中文名称：油梨

别　　名：鳄梨、牛油果、樟梨、酪梨、奶油果

拉丁学名：*Persea americana* Mill.

英文名称：Avocado

CAC商品：

　　FI 0326 Avocado 油梨

　　FI 2022 Subgroup of assorted tropical and sub-tropical fruits—inedible smooth peel—
　　　　large 大型皮不可食热带及亚热带水果亚组

可食部位：果实

植物学分类：樟科油梨属常绿乔木

其他信息：油梨原产热带美洲的墨西哥南部至哥伦比亚、厄瓜多尔一带，后在美国加利福尼亚州普遍种植，并成为世界上最大的生产地。菲律宾和苏联南部、欧洲中部等地亦有栽培，中国也有少量栽培。

3.5.2.2.3　石榴

中文名称：石榴

别　　名：安石榴、海石榴、海榴、若榴、丹若、山力叶、金罂、金庞、涂林、天浆

拉丁学名：*Punica granatum* L.

英文名称：Pomegranate

CAC商品：

 FI 0355 Pomegranate　石榴

 FI 2022 Subgroup of assorted tropical and sub-tropical fruits—inedible smooth peel—large 大型皮不可食热带及亚热带水果亚组

可食部位：果实

植物学分类：石榴科石榴属落叶灌木或小乔木

其他信息：原产伊朗、阿富汗等中亚地带。中国是世界石榴主产国和优生区，栽培面积居世界首位，除极寒冷地区外，均有分布；安徽、江苏、河南等地种植面积较大，著名产地有陕西临潼、新疆叶城、安徽怀远、山东枣庄、云南蒙自、四川会理等。

3.5.2.2.4　番荔枝

中文名称：番荔枝

别　　名：赖球果、佛头果、释迦、释迦果、林檎、唛螺陀、洋波罗、番苞萝、番鬼荔枝

拉丁学名：*Annona squamosa* L.

英文名称：Sugar apple

CAC商品：

　　FI 0368 Sugar apple　番荔枝

　　FI 2023 Subgroup of assorted tropical and sub-tropical fruits—inedible rough or hairy
　　　　　　peel—large　大型粗糙或毛状皮不可食热带及亚热带水果亚组

可食部位：果实

植物学分类：番荔枝科番荔枝属半落叶小乔木

其他信息：原产热带美洲，广泛分布于热带和较温暖的亚热带地区。

3.5.2.2.5　莽吉柿

中文名称：莽吉柿

别　　名：山竹、山竺、山竹子、倒捻子、凤果

拉丁学名：*Garcinia mangostana* L.

英文名称：Mangosteen

CAC商品：

　　FI 0346 Mangosteen　莽吉柿

　　FI 2022 Subgroup of assorted tropical and sub-tropical fruits—inedible smooth peel—
　　　　large 大型皮不可食热带及亚热带水果亚组

可食部位：果实

植物学分类：藤黄科藤黄属常绿乔木

其他信息：莽吉柿原产马来西亚，亚洲和非洲热带地区广泛栽培，对环境要求非常严格。莽吉柿的外果皮中包含具有收敛作用的一系列多酚类物质，这些物质可以确保果实在未成熟时不受昆虫、真菌、植物病毒、细菌和动物的侵害，无须喷洒农药，所以莽吉柿是名副其实的绿色水果。

3.5.2.3　大型果

3.5.2.3.1　香蕉

中文名称：香蕉

别　　名：金蕉、弓蕉、芎蕉、甘蕉、蕉子、蕉果、龙溪蕉、天宝蕉

拉丁学名：*Musa* spp.；*Musa nana* Lour.

英文名称：Banana

CAC商品：

　　FI 0327 Banana　香蕉

　　FI 2022 Subgroup of assorted tropical and sub-tropical fruits—inedible smooth peel—
　　　　large 大型皮不可食热带及亚热带水果亚组

可食部位：果实

植物学分类：芭蕉科芭蕉属草本植物

其他信息：原产亚洲东南部和中国南方，分布在南纬30°至北纬30°的地区。香蕉是中国第一大热带水果，主要分布在广东、广西、云南、海南、福建、四川等地区。

3.5.2.3.2 番木瓜

中文名称：番木瓜

别　　名：木瓜、乳瓜、万寿果、番瓜、石瓜、蓬生果、万寿匏、奶匏

拉丁学名：*Carica papaya* L.

英文名称：Papaya

CAC商品：

　FI 0350 Papaya 番木瓜

　FI 2022 Subgroup of assorted tropical and sub-tropical fruits—inedible smooth peel—
　　　　large 大型皮不可食热带及亚热带水果亚组

可食部位：果实

植物学分类：番木瓜科番木瓜属多年生草本植物

其他信息：番木瓜原产南美洲热带地区，在世界热带、亚热带地区均有分布，现主要分布于中国、马来西亚、菲律宾、泰国、越南、缅甸、印度尼西亚、印度、斯里兰卡、美国（佛罗里达、夏威夷）、古巴，以及中、南美洲，西印度群岛，大洋洲。中国主要在华南地区种植。

3.5.2.3.3 椰子

中文名称：椰子

别　　名：可可椰子、青椰子、胥椰、胥余、越王头、椰僳、椰果、树头

拉丁学名：*Cocos nucifera* L.

英文名称：Coconut

CAC商品：

FI 2580 Coconut，young 椰肉

FI 2026 Subgroup of assorted tropical and sub-tropical fruits—inedible peel—palms 棕榈类皮不可食热带及亚热带水果亚组

TN 0665 Coconut 椰子

TN 0085 Group of tree nuts 坚果

ST 3401 Coconut，inflorescence sap 椰汁

ST 2095 Group of tree saps 树汁组

可食部位：椰汁、椰肉

植物学分类：棕榈科椰子属常绿乔木

其他信息：椰子原产亚洲东南部、印度尼西亚至太平洋群岛，遍布北纬26°至南纬25°的热带岛屿和沿海。主要产区为菲律宾、印度、马来西亚、斯里兰卡和中国。

3.5.2.4 带刺果

3.5.2.4.1 菠萝

中文名称：菠萝

别　　名：黄梨、王梨

拉丁学名：*Ananas comosus*（L.）Merr.

英文名称：Pineapple

CAC商品：

　　FI 0353 Pineapple 菠萝

　　FI 2023 Subgroup of assorted tropical and sub-tropical fruits—inedible rough or hairy
　　　　　　peel—large 大型粗糙或毛状皮不可食热带及亚热带水果亚组

可食部位：果实

植物学分类：凤梨科菠萝属植物

其他信息：原产巴西、阿根廷及巴拉圭一带干燥的热带山地。中国菠萝栽培主要集中在广东和海南，云南、福建、广西等也有种植。

3.5.2.4.2 菠萝蜜

中文名称：菠萝蜜

别　　名：波罗蜜、苞萝、木菠萝、树菠萝、大树菠萝、蜜冬瓜、牛肚子、牛肚子果

拉丁学名：*Artocarpus heterophyllus* Lam.（异名：*Artocarpus integrifolius* auct.）

英文名称：Jackfruit

CAC商品：

　　FI 0338 Jackfruit　菠萝蜜

　　FI 2023 Subgroup of assorted tropical and sub-tropical fruits—inedible rough or hairy peel—large　大型粗糙或毛状皮不可食热带及亚热带水果亚组

可食部位：果实

植物学分类：桑科木菠萝属常绿乔木

其他信息：原产印度、马来西亚，尼泊尔、印度、不丹、马来西亚有栽培。中国广东、海南、广西、福建、云南（南部）常有栽培。

3.5.2.4.3　榴莲

中文名称：榴莲

别　　名：榴梿、徒良、韶子、麝香猫果、金枕头

拉丁学名：*Durio zibethinus* Murr.

英文名称：Durian

CAC 商品：

　　FI 0334 Durian　榴莲

　　FI 2023 Subgroup of assorted tropical and sub-tropical fruits—inedible rough or hairy peel—large　大型粗糙或毛状皮不可食热带及亚热带水果亚组

可食部位：果实

植物学分类：木棉科榴莲属常绿大乔木

其他信息：原产文莱、印度尼西亚和马来西亚。东南亚一些国家种植较多，其中以泰国最多。中国广东、海南也有种植。

3.5.2.4.4　火龙果

中文名称：火龙果

别　　名：红龙果、青龙果、仙蜜果、玉龙果

拉丁学名：*Hylocereus* spp.；*Hylocereus undulatus*；*Hylocereus undatus*（Haw.）Britton & Rose；*Hylocereus megalanthus*（K. Schum. ex Vaupel）Ralf Bauer；*Hylocereus polyrhizus*（F.A.C. Weber）Britton & Rose；*Hylocereus ocamponis*（Salm-Dyck）Britton & Rose；*Hylocereus triangularis*（L.）Britton&Rose

英文名称：Pitaya

CAC 商品：

　　FI 2540 Pitaya　火龙果

　　FI 2024 Subgroup of assorted tropical and sub-tropical fruits—inedible peel—cactus　仙人掌类皮不可食热带及亚热带水果亚组

可食部位：果实

植物学分类：仙人掌科量天尺属多年生攀缘性多肉植物

其他信息：原产中美洲热带沙漠地区，后传入越南、泰国等东南亚国家和中国。中国主要产于广西、海南、广东、贵州等地。

3.6 瓜果类

3.6.1 西瓜

中文名称：西瓜

别　　名：夏瓜、寒瓜、水瓜

拉丁学名：*Citrullus* Schrad.；*Citrullus lanatus* (Thunb.) Matsum. & Nakai var. *lanatus*

[异名：*Citrullus vulgaris* Schrad.；*Colocynthis citrullus* (L.) O. Ktze.]

英文名称：Watermelon

CAC商品：

　　VC 0432 Watermelon　西瓜

　　VC 2040 Subgroup of fruiting vegetables，cucurbits—melons，pumpkins and winter squashes　甜瓜、南瓜和笋瓜类蔬菜亚组

可食部位：果实

植物学分类：葫芦科西瓜属一年生蔓生藤本植物

其他信息：西瓜广泛栽培于世界热带到温带地区。中国是世界上最大的西瓜产地，种植面积较大的省份有河南、山东、安徽、湖南、广西、江苏、新疆、湖北、河北、宁夏、浙江等。以新疆、甘肃兰州、山东德州、江苏溧阳等地最为有名。

3.6.2 其他瓜类

3.6.2.1 甜瓜

中文名称：甜瓜

别　　名：无

拉丁学名：*Cucumis melo* L.

英文名称：Melon

CAC商品：

　　VC 0046 Melons，except watermelon 甜瓜（西瓜除外）

　　VC 2040 Subgroup of fruiting vegetables，cucurbits—melons，pumpkins and winter squashes 甜瓜、南瓜和笋瓜类蔬菜亚组

可食部位：果实

植物学分类：葫芦科甜瓜属一年生蔓生草本植物

其他信息：热带非洲的几内亚是甜瓜的初级起源中心，世界温带至热带地区广泛栽培。根据商品性和生长习性甜瓜分为薄皮甜瓜和厚皮甜瓜，果形有圆、椭圆、纺锤、长筒等形状，成熟时果皮具不同程度的白、绿、黄或褐色，或附各色条纹和斑点，果表光滑或具网纹、裂纹、棱沟等，果肉为发达的中、内果皮，有白、橘红、绿、黄等色，肉质分脆肉和软肉两类，果成熟时具芳香气味。中国各地广泛栽培，种植面积较大的省份有河北、山东、河南、甘肃、江苏、新疆、湖北等。

中文名称：薄皮甜瓜

别　　名：普通甜瓜、香瓜、东方甜瓜、中国甜瓜、果瓜

英文名称：Melon

中文名称：网纹甜瓜

别　　名：网纹瓜、醉瓜、夏甜瓜

英文名称：Melon；Musk melon

其他信息：厚皮甜瓜的一种。

中文名称：哈密瓜

别　　名：哈密甜瓜

拉丁学名：*Cucumis melo* L. var. *inodorus* Naud.（cultivar）

英文名称：Honeydew melon；Hami melon

其他信息：厚皮甜瓜的一种。哈密瓜是新疆哈密特产，中国国家地理标志产品。主产于吐哈盆地，按成熟期不同，分早熟、中熟和晚熟品种。早、中熟的称为夏瓜，晚熟的称为冬瓜。

中文名称：白兰瓜

别　　名：蜜露

英文名称：Melon

植物学分类：葫芦科甜瓜属甜瓜的一种

其他信息：厚皮甜瓜的一种。原产美国，美国人称为"蜜露"。世界温带至热带地区广泛栽培。中国产地在甘肃兰州青白石乡，是素负盛名的"白兰瓜之乡"。现全国各地广泛栽培。

3.7   其他水果

3.7.1   海棠果 ◇

中文名称：*海棠果*

别　　名：红厚壳、胡桐、呀拉菩

拉丁学名：*Malus prunifolia*（Willd.）Borkh；*Malus* spp.；among other *Malus baccata*（L.）Borkh. var. *baccata*

英文名称：Crab-apple

CAC 商品：

　　FP 0227 Crab-apple 海棠果

　　FP 0009 Group of pome fruits 仁果类水果组

可食部位：果实

植物学分类：蔷薇科苹果属落叶小乔木

其他信息：原产中国，印度（包括安达曼群岛）、斯里兰卡、中南半岛、马来西亚、印度尼西亚（苏门答腊岛）、菲律宾群岛、波利尼西亚以及马达加斯加和澳大利亚等地有分布。中国主要分布于西北、华北和东北各地，其中以甘肃河西走廊，青海民和、乐都，山西阳高、太谷，河北怀来，山东莱芜、青州栽培较多。

3.7.2　穗醋栗　◇

中文名称：穗醋栗

别　　名：加仑子、加仑

拉丁学名：*Ribes nigrum* L.；*Ribes rubrum* L.

英文名称：Currant

CAC商品：

　　FB 0021 Currants，black，red，white（黑、红、白）穗醋栗

　　FB 2006 Subgroup of bush berries　灌木类浆果亚组

可食部位：果实

植物学分类：茶藨子科茶藨子属多年生小灌木

其他信息：穗醋栗主要有黑穗醋栗、红穗醋栗和白穗醋栗。中国穗醋栗主产区在黑龙江、吉林、辽宁和内蒙古，新疆、陕西、甘肃等地也有栽培。

中文名称：黑穗醋栗

别　　名：黑加仑、黑果茶藨、旱葡萄、茶藨子

拉丁学名：*Ribes nigrum* L.

英文名称：Black currant

CAC 商品：

FB 0278 Currants，black　黑穗醋栗

FB 2006 Subgroup of bush berries　灌木类浆果亚组

中文名称：红（白）穗醋栗

别　　名：红（白）醋栗、红（白）茶藨子

拉丁学名：*Ribes nigrum* L.

英文名称：Red（White）currant

CAC 商品：

FB 0279 Currant，red，white　红（白）穗醋栗

FB 2006 Subgroup of bush berries　灌木类浆果亚组

3.7.3　露莓 ◇

中文名称：露莓

别　　名：无

拉丁学名：*Rubus ceasius* L.（several *Rubus* ssp. and hybrids）

英文名称：Dewberry

CAC商品：

　　FB 0266 Dewberries（including Boysenberry and Loganberry）露莓（含博伊森莓和罗甘莓）

　　FB 2005 Subgroup of cane berries 藤蔓类浆果亚组

可食部位：果实

植物学分类：蔷薇科悬钩子属植物

其他信息：在美国东部和南部，悬钩子属的几个匍匐种，尤其是匍匐枝悬钩子（*Rubus flagellaris*）、贝利悬钩子（*Rubus baileyanus*）、硬毛悬钩子（*Rubus hispidus*）、恩斯伦悬钩子（*Rubus enslenii*）以及寻常悬钩子（*Rubus trivialis*）的果实均佳。已培育出一些优良品种，如卢克雷蒂亚（Lucretia）、博伊森莓（Boysenberry）、罗甘莓（Loganberry，拉丁学名 *Rubus loganobaccus*）。

3.7.4　树番茄

中文名称：树番茄

别　　名：缅茄、鸡蛋果、洋酸茄、木番茄、木立番茄

拉丁学名：*Solanum betaceum* Cav.［异名：*Cyphomandra betacea* (Cav.) Sendt］

英文名称：Tamarillo；Tomato tree

CAC商品：

　　FI 0312 Tamarillo 树番茄

　　FI 2022 Subgroup of assorted tropical and sub-tropical fruits—inedible smooth peel—large 大型皮不可食热带及亚热带水果亚组

可食部位：果实

植物学分类：茄科茄属常绿灌木或小乔木

其他信息：原产南美洲，世界热带和亚热带地区有引种。中国云南南部、西藏南部、贵州南部均有栽培。树番茄树高 2.5 ～ 3 米，采收期可持续 6 ～ 8 个月。

3.7.5　莲雾

中文名称：莲雾

别　　名：洋蒲桃、爪哇蒲桃、天桃、水蒲、桃辇雾、紫蒲桃、水蒲桃、水石榴、辇雾

拉丁学名：*Syzigium samarangense* (Bl.) Merr. & Perry（异名：*Eugenia javanica* Lam.）

英文名称：Java apple；Wax apple

CAC商品：

　　FT 0340 Java apple　莲雾

　　FT 2011 Subgroup of assorted tropical and sub-tropical fruits—edible peel—small　小型
　　　　　　皮可食热带及亚热带水果亚组

植物学分类：桃金娘科蒲桃属常绿乔木

其他信息：原产马来半岛及安达曼群岛，中国台湾有较长的栽培历史，喜温暖怕寒冷。栽培管理好的，一年可收获5次。莲雾不耐储藏，一般室温下只能储存1周。

3.7.6　刺梨

中文名称：刺梨

别　　名：山王果、刺莓果、佛朗果、木梨子、刺菠萝、送春归、刺酸梨子、九头鸟、文先果

拉丁学名：*Rosa roxbunghii* Tratt.

英文名称：Roxburgh rose

CAC商品：无

可食部位：果实

植物学分类：蔷薇科蔷薇属落叶灌木

其他信息：刺梨是缫丝花的果实。多野生于海拔500～2 500米的向阳山坡、沟谷、路旁以及灌木丛中，分布于贵州、鄂西山区、湘西、四川凉山山区等地，在贵州和河南开封有大面积的人工种植。

3.7.7 余甘果

中文名称：余甘果

别　　名：余甘、余甘子、牛甘果、油甘果、油甘、油金子

拉丁学名：*Phyllanthus emblica* L.

英文名称：Indian gooseberry；Phyllanthus embical fruit

CAC 商品：

　　FT 2356 Gooseberry，Indian　余甘果

　　FT 2012 Subgroup of assorted tropical and sub-tropical fruits—edible peel—large　中型、
　　　　　大型皮可食热带及亚热带水果亚组

可食部位：果实

植物学分类：大戟科叶下珠属落叶小乔木或灌木

其他信息：原产印度、巴基斯坦、斯里兰卡、马来西亚、菲律宾、泰国和中国。现已引种到埃及、南非、肯尼亚、古巴、澳大利亚、美国等地。其中以中国和印度分布面积最大，产量最多。在中国主要分布于热带亚热带地区，多为野生状态，仅福建、广东有经济栽培。

3.7.8　酸角 ◇

中文名称：酸角

别　　名：罗望子、酸豆、酸梅、酸果、麻夯、甜目坎、通血图、亚参果

拉丁学名：*Tamarindus indica* L.（sweet and sour varieties）

英文名称：Tamarind

CAC 商品：

　　FI 0369 Tamarind　酸角

　　FI 2021 Subgroup of assorted tropical and sub-tropical fruits—inedible peel—small　小
　　　　　型皮不可食热带及亚热带水果亚组

　　HS 0369 Tamarind，sour varieties　酸角

　　HS 0191 Subgroup of spices，fruit or berries（includes all commodities in this subgroup）
　　　　　果实和浆果类香料亚组

可食部位：浆果

植物学分类：豆科酸豆属常绿乔木

其他信息：原产非洲东部和亚洲热带地区。中国南方各省份有大量野生分布。

3.7.9　蛋黄果　◆

中文名称：蛋黄果

别　　名：无

拉丁学名：*Pouteria campechiana* (Kunth.) Baenhi（异名：*Lacuma nervosa* A.DC.；*Lacuma salicifolia* Kunth.)

英文名称：Canistel

CAC商品：

FI 0330 Canistel　蛋黄果

FI 2022 Subgroup of assorted tropical and sub-tropical fruits—inedible smooth peel—
　　　　large　大型皮不可食热带及亚热带水果亚组

可食部位：果实

植物学分类：山榄科鸡蛋果属常绿小乔木

其他信息：原产古巴和南美洲热带地区，主要分布于中南美洲、印度东北部、缅甸北部、越南、柬埔寨、泰国。中国南部热带地区有零星种植。

3.7.10　人心果

中文名称：人心果

别　　名：吴凤柿、赤铁果、奇果

拉丁学名：*Manilkara zapota* (L.) Royen [异名：*Manilkara achras* (Mill.) Fosberg；*Achras zapota* L.]

英文名称：Sapodilla

CAC商品：

　　FI 0359 Sapodilla　人心果

　　FI 2023 Subgroup of assorted tropical and sub-tropical fruits—inedible rough or hairy
　　　　　　peel—large　大型粗糙或毛状皮不可食热带及亚热带水果亚组

可食部位：果实

植物学分类：山榄科铁线子属常绿乔木

其他信息：人心果原产美洲热带地区。人心果的果实长得很像人的心脏。

3.7.11　人参果

中文名称：人参果

别　　名：香瓜梨、香瓜茄、仙果、香艳梨、艳果、长寿果、凤果、草还丹、南姜香瓜梨、人参粟、香艳茄

拉丁学名：*Solanum muricatum* L.；*Solanum muricatum* Aiton

英文名称：Pepino；Pepino melon；Ginsengfruit；Melon pear

CAC商品：

　　VO 0443 Pepino　人参果

　　VO 2046 Subgroup of eggplants　茄子类蔬菜亚组

可食部位：果实

植物学分类：茄科茄属多年生草本植物

其他信息：原产南美洲。中国产于青海、甘肃、四川、贵州、云南、湖北、湖南、江西、福建、安徽、河南、陕西、广西等地。

4 坚 果

4.1 小粒坚果

4.1.1 杏仁 ◇

中文名称：杏仁

别　　名：扁桃仁、巴旦杏仁、薄壳杏仁

拉丁学名：*Amygdalus communis* L. [异名：*Prunus amygdalus* Batsch.；*Prunus dulcis* (Mill.) D. A. Webb]

英文名称：Almond

CAC商品：

　　TN 0660 Almond 杏仁

　　TN 0085 Group of tree nuts 坚果组

可食部位：坚果

植物学分类：蔷薇科桃属多年生落叶果树（中型乔木）

其他信息：扁桃原产西亚和中亚山区。中国主要集中在西北和西南地区，尤其以新疆天山以南的喀什、和田、阿克苏等地栽培较多。

4.1.2 榛子

中文名称：榛子

别　　名：榛、平榛、榛栗、毛榛

拉丁学名：*Corylus heterophylla* Fisch.；*Corylus avellana* L.；*Corylus maxima* Mill.；*Corylus americana* Marschall；*Corylus californica*（A. DC.）Rose；*Corylus maxima* Mill.

英文名称：Hazelnut

CAC商品：

TN 0666 Hazelnut　榛子

TN 0085 Group of tree nuts　坚果组

可食部位：坚果

植物学分类：桦木科榛属灌木或小乔木

其他信息：原产中国。土耳其是世界榛子的主要生产国。中国主要分布在东北三省、华北各省份、西南横断山脉及西北甘肃、陕西和内蒙古等地的山区。

4.1.3 腰果

中文名称：腰果

别　　名：鸡腰果、介寿果、槚如树

拉丁学名：*Anacardium occidentale* L.；*Anacardium giganteum* Hancock ex Engl.；*Anacardium giganteum* Hance ex Engl.

英文名称：Cashew；Cajou

CAC商品：

    FT 0292 Cashew apple 腰果梨，腰果

    FT 2352 Cajou（pseudofruit）腰果

    FT 2012 Subgroup of assorted tropical and sub-tropical fruits—edible peel—large 中型、
        大型皮可食热带及亚热带水果亚组

    参见Cashew nut，TN 0295

    TN 0295 Cashew nut 腰果

    TN 0085 Group of tree nuts 坚果组

可食部位：坚果

植物学分类：漆树科腰果属常绿乔木

其他信息：原产巴西东北部。世界上腰果种植面积较大的国家有印度、巴西、越南、莫桑比克、坦桑尼亚。在中国主要分布于海南和云南，广西、广东、福建、台湾也均有引种。

4.1.4 松仁 ◇

中文名称：松仁

别　　名：罗松子、海松子、新罗松子、红松果、松子、松元松子

拉丁学名：*Pinus pinea* L.；*Pinus cembra* L.；*Pinus koraiensis* Sieb. et Zucc.；*Pinus edulis* Engelm.；*Pinus sibirica* Du Tour；*Pinus gerardiana* Wall. ex D. Don；*Pinus monophylla* Torr & Frém.；以及其他*Pinus* species，不包括*Pinus armandii* Franch.和*Pinus massoniana* Lamb.

英文名称：Pine nut

CAC商品：

    TN 0673 Pine nut 松仁

    TN 0085 Group of tree nuts 坚果组

可食部位：坚果

植物学分类：松仁是果松的种子，果松属松科松属常绿乔木

其他信息：果松也称红松、海松、新罗松、朝鲜松、红果，原产中国东北、俄罗斯远东地区、朝鲜和日本。在中国主要分布于黑龙江、吉林、辽宁，河北、山东有引种。

4.1.5　开心果

中文名称：开心果

别　　名：阿月浑子、胡棒子、无名子、必思答、绿仁果

拉丁学名：*Pistachio vera* L.

英文名称：Pistachio nut

CAC商品：

TN 0675 Pistachio nut 开心果

TN 0085 Group of tree nuts 坚果组

可食部位：坚果

植物学分类：漆树科黄连木属落叶乔木

其他信息：原产中亚，主要产于叙利亚、伊拉克、伊朗、苏联西南部和南欧。中国新疆有栽培。类似银杏，但开裂有缝而与银杏不同。

4.1.6 白果 ◇

中文名称：银杏

别　　名：白果、公孙树、鸭脚子、鸭掌树

拉丁学名：*Ginkgo biloba* L.

英文名称：Ginkgo

CAC商品：

TN 3105 Ginkgo 白果

TN 0085 Group of tree nuts 坚果组

可食部位：叶、坚果（白果）

植物学分类：银杏科银杏属落叶乔木

其他信息：银杏在中国分布很广，主要分布于温带和亚热带地区，集中产区在江苏、山东、安徽、浙江、广西、河南、湖北等地。

4.2 大粒坚果

4.2.1 核桃

中文名称：核桃

别　　名：胡桃、羌桃

拉丁学名：*Juglans regia* L.；*Juglans nigra* L.；*Juglans hindsii* Jeps. ex R.E. Sm.；*Juglans microcarpa* Berland var. *microcarpa*；*Juglans ailantifolia* var. *cordiformis*（Makino）Rehder

英文名称：Walnut

CAC商品：

　　TN 0678 Walnut　核桃

　　TN 0085 Group of tree nuts　坚果组

可食部位：坚果

植物学分类：胡桃科胡桃属植物

其他信息：核桃原产伊朗。中国栽培很广，主产区有云南、新疆、四川、陕西、河北等。

4.2.2 板栗

中文名称：板栗

别　　名：栗子、毛栗

拉丁学名：*Castanea mollissima* Blume；*Castanea* spp.；*Castanea pumila*（L.）Mill.

英文名称：Chestnut

CAC商品：

　　TN 0664 Chestnut　板栗

　　TN 0085 Group of tree nuts　坚果组

可食部位：坚果

植物学分类：壳斗科栗属落叶乔木

其他信息：原产中国黄河中下游地区。多生于低山丘陵缓坡及河滩地带，江苏沭阳、广西平乐、安徽金寨、河北、山东、湖北（罗田、英山、麻城）、河南信阳、陕西镇安、广东河源等皆为著名的板栗产区。按产区一般把板栗分为北方板栗和南方板栗两种类型，北方板栗大多做炒食用，南方板栗则做菜用。

4.2.3　山核桃 ◆

中文名称：山核桃

别　　名：山核、山蟹、小核桃

拉丁学名：*Carya cathayensis* Sarg.；*Carya ovata*（Mill.）K. Koch.（光滑山核桃）；*Carya glabra*（Mill.）Sweet；other sweet *Carya* species

英文名称：Hickory nut

CAC商品：

　　TN 0667 Hickory nut　山核桃

　　TN 0085 Group of tree nuts　坚果组

可食部位：坚果

植物学分类：胡桃科山核桃属落叶乔木

其他信息：中国为原产地之一，适生于山麓疏林中或腐殖质丰富的山谷。

中文名称：薄壳山核桃

别　　名：美国山核桃、长山核桃

拉丁学名：*Carya illinoensis*（Wangenh.）K. Koch

英文名称：Pecan

CAC商品：

　　TN 0672 Pecan　薄壳山核桃

　　TN 0085 Group of tree nuts　坚果组

可食部位：坚果

植物学分类：胡桃科山核桃属落叶乔木

其他信息：原产北美洲。中国也有栽培。

4.3　其他坚果

4.3.1　澳洲坚果　◆

中文名称：澳洲坚果

别　　名：昆士兰栗、澳洲胡桃、夏威夷果、昆士兰果

拉丁学名：*Macadamia ternifolia* F. Muell.；*Macadamia tetraphylla* L.A.S. Johnson；*Macadamia integrifoliar* Maiden & Betche

英文名称：Macadamia nut

CAC商品：

　　TN 0669 Macadamia nut　澳洲坚果

　　TN 0085 Group of tree nuts　坚果组

可食部位：坚果

植物学分类：山龙眼科澳洲坚果属常绿乔木

其他信息：原产澳大利亚。主要分布区域为澳大利亚东部、新喀里多尼亚、印度尼西亚苏拉威西岛。中国广东、福建、广西、海南、浙江等省（自治区）有引种、试种。

4.3.2 香榧

中文名称：香榧

别　　名：榧、大榧、南榧、玉山果

拉丁学名：*Torreya grandis* Forune

英文名称：Chinese nutmeg tree

CAC商品：

　　HS 3290 Chinese nutmeg tree 香榧

　　HS 0190 Subgroup of spices，seeds 籽粒类香料亚组

可食部位：坚果

植物学分类：红豆杉科榧属大乔木

其他信息：原产中国中南部。主要生长在中国南方较为湿润的地区。

5 糖料作物

5.1 甘蔗

中文名称：甘蔗

别　　名：薯蔗、糖蔗、黄皮果蔗

拉丁学名：*Saccharum officinarum* L.

英文名称：Sugar cane

CAC商品：

　　GS 0659 Sugar cane　甘蔗

可食部位：甘蔗茎

植物学分类：禾本科甘蔗属一年生或多年生草本植物

其他信息：中国甘蔗主产区分布在北纬24°以南的热带、亚热带地区，种植面积较大的省份有广西、云南、广东，海南、贵州、江西等也有种植。甘蔗按用途可分为果蔗和糖蔗。

5.2 甜菜

中文名称：甜菜

别　　名：红菜头、恭菜、紫菜头、火焰菜、糖萝卜拉丁学名： *Beta vulgaris* L. subsp. *vulgaris* var. *vulgaris*；*Beta vulgaris* L. subsp. *vulgaris* var. *cicla*；*Beta vulgaris* L. var. *conditiva*；*Beta vulgaris* L. var. *sacharifera*（异名：*Beta vulgaris* L. var. *altissima*；*Beta vulgaris* L. subsp. *vulgaris*）

英文名称：Chard；Beetroot；Sugar beet

CAC商品：

　　VL 0464 Chard　叶用甜菜

　　VL 2050 Subgroup of leafy greens　绿叶菜蔬菜亚组

　　VR 0574 Beetroot　甜菜根

　　VR 0596 Sugar beet　糖用甜菜

　　VR 2070 Subgroup of root vegetables　根类蔬菜亚组

可食部位：块根、茎叶

植物学分类：藜科甜菜属二年生草本植物

其他信息：原产欧洲西部和南部沿海。中国主要分布在新疆、内蒙古、河北，黑龙江、甘肃、辽宁、山西等地也有种植。甜菜主要有4个变种，除糖用甜菜外，还分为饲料甜菜、叶用甜菜和食用甜菜。饲料甜菜是一种饲料作物，块根的含糖率较低。叶用甜菜（叶恭菜）俗称厚皮菜，叶片肥厚，叶部发达，叶柄粗长。食用甜菜俗称红甜菜，根和叶为紫红色，因此也称火焰菜，块根可食用，类似萝卜。

中文名称：叶甜菜

别　　名：叶恭菜、莙荙菜、厚皮菜、牛皮菜、火焰菜

拉丁学名：*Beta vulgaris* L. var. *cicla* L.

英文名称：Swiss chard

CAC商品：

　　参见Chard，VL 0464

　　VL 2050 Subgroup of leafy greens　绿叶菜蔬菜亚组

可食部位：嫩叶、叶柄

植物学分类：藜科甜菜属甜菜以嫩叶供食用的变种（二年生蔬菜）

其他信息：原产欧洲地中海沿岸。中国南方一年四季均可种植，北方只有春、夏、秋三季种植，台湾只在秋冬季种植。

6 油料作物

6.1 小型油籽类

6.1.1 油菜籽

中文名称：油菜籽

别　　名：芸薹籽、白菜籽

拉丁学名：*Brassica napus* L.

英文名称：Rape seed

CAC商品：

　　SO 0495 Rape seed　油菜籽

　　SO 2090 Subgroup of small seed oilseeds　油菜籽类作物亚组

可食部位：籽粒

植物学分类：十字花科芸薹属作物

其他信息：中国油菜种植面积较大的省份有湖南、湖北、四川、江西、贵州、安徽、江苏、河南、云南、重庆、陕西、甘肃等。油菜产区分为冬油菜（9～10月种植，翌年5～6月收获）和春油菜（4月底种植，9月底收获）两大产区。冬油菜面积和产量均占

90%以上，主要集中于长江流域，种植面积较大的省份有湖南、湖北、四川、江西、安徽、贵州、江苏、河南等；春油菜集中于东北和西北地区，种植面积较大的省份有内蒙古、青海、甘肃、新疆、西藏等地，以内蒙古海拉尔地区最为集中。

6.1.2　芝麻

中文名称：芝麻

别　　名：脂麻、油麻

拉丁学名：*Sesamum indicum* L.（异名：*Sesamum orientale* L.）

英文名称：Sesame

CAC商品：

　　SO 0700 Sesame seed　芝麻

　　SO 2090 Subgroup of small seed oilseeds　油菜籽类作物亚组

可食部位：籽粒

植物学分类：胡麻科胡麻属一年生直立草本植物

其他信息：原产中国云贵高原。主要分布于中国黄河及长江中下游各省份，以河南、湖北、安徽、江西、河北等较多，其中河南产量最多。

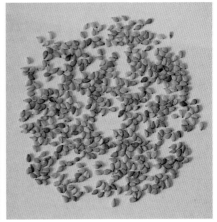

6.1.3　亚麻籽

中文名称：亚麻籽

别　　名：胡麻籽、白麻籽

拉丁学名：*Linum usitatissimum* L.

英文名称：Linseed

CAC商品：

SO 0693 Linseed 亚麻籽

SO 2090 Subgroup of small seed oilseeds 油菜籽类作物亚组

可食部位：籽粒

植物学分类：亚麻科亚麻属一年生草本植物

其他信息：亚麻原产地中海沿岸，欧亚温带多有栽培。中国东北、内蒙古、山西、陕西、山东、湖北、湖南、广东、广西、四川、贵州、云南等地有栽培，但以北方和西南地区较为普遍。

6.1.4 芥菜籽

中文名称：芥菜籽

别　　名：黄芥子

拉丁学名：*Brassica nigra* (L.) Koch；*Sinapis alba* L.（异名：*Brassica hirta* Moench.）；*Brassica campestris* L. var. *sarson* Prain；*Brassica campestris* L. var. *toria* Duthie & Fuller；*Brassica juncea* (L.) Czern. & Coss.

英文名称：Mustard seed

CAC商品：

SO 0485 Mustard seed 芥菜籽

SO 0694 Mustard seed，field 野芥菜籽

SO 0478 Mustard seed，Indian 印度芥菜籽

SO 0090 Subgroup of mustard seeds 芥菜籽类作物亚组

SO 2090 Subgroup of small seed oilseeds 油菜籽类作物亚组

可食部位：籽粒

植物学分类：十字花科一年生草本植物

其他信息：原产南欧和地中海沿岸。其种类有黑芥籽、黄芥籽、白芥籽、褐芥籽等。取籽做香辛料调味品用的主要有白芥和黑芥两种。现白芥在欧洲、北美洲和新西兰等地均有栽培。黑芥除欧洲、北美洲、新西兰外，中国、日本、印度、苏联南部等地亦有栽培。芥菜籽研磨可制得黄芥末。

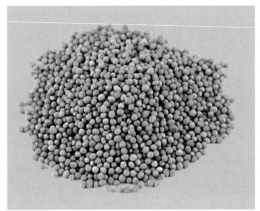

6.2 其他类

6.2.1 大豆

见 2.6.2.1 青豆。

6.2.2 花生

中文名称：花生

别　　名：金果、长寿果、长果、番豆、金果花生、地果、地豆、唐人豆、花生豆、花生米、落花生、长生果

拉丁学名：*Arachis hypogaea* L.

英文名称：Peanut

CAC 商品：

SO 0697 Peanut 花生

SO 0703 Peanut，whole 花生

VL 0697 Peanut leaves 花生叶

VL 2050 Subgroup of leafy greens 绿叶菜蔬菜亚组

VP 0697 Peanut（immature seeds）嫩花生

VP 2064 Subgroup of underground immature beans and peas 地下豆类蔬菜亚组

可食部位：果仁（可鲜食、榨油）

植物学分类：豆科落花生属一年生草本植物

其他信息：主要分布于巴西、中国、埃及等地。花生在中国各地均有种植，面积较大的省份有河南、山东、河北、广东、辽宁、四川、广西、吉林、湖北、安徽等。

6.2.3 棉籽

中文名称：棉籽

别　　名：无

拉丁学名：*Gossypium* spp.（several species and cultivars）

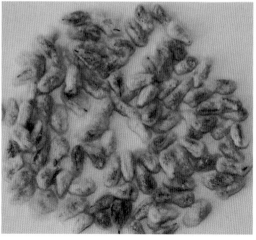

英文名称：Cottonseed

CAC商品：

　　SO 0691 Cottonseed　棉籽

可食部位：棉籽

植物学分类：锦葵科棉属植物

其他信息：棉花在中国主要分布于江淮平原、江汉平原、新疆南部、华北平原、鲁西北、豫北平原、长江下游滨海沿江平原。种植面积最大的是新疆，其次是山东、湖北、安徽、湖南、河南，江苏、江西、陕西、天津、甘肃等地也有种植。

6.2.4　葵花籽 ◇

中文名称：葵花籽

别　　名：望日葵籽、向日葵籽、葵瓜籽

拉丁学名：*Helianthus annuus* L.

英文名称：Sunflower seed

CAC商品：

　　SO 0702 Sunflower seed　葵花籽

　　SO 2091 Subgroup of sunflower seeds　葵花籽类作物亚组

可食部位：葵花籽

植物学分类：菊科向日葵属植物

其他信息：向日葵在世界各地均有分布。油用向日葵主要分布于俄罗斯、土耳其、阿根廷等国家。中国向日葵种植面积较大的省份有内蒙古、新疆、吉林、甘肃、山西、宁夏、陕西等。葵花籽是向日葵的果实。

6.2.5 油茶籽 ◆

中文名称：油茶籽

别　　名：山茶籽

拉丁学名：*Camellia oleifera* C. Abel

英文名称：Tea oil plant seed

CAC 商品：

SO 3148 Tea oil plant seed　油茶籽

SO 2091 Subgroup of sunflower seeds　葵花籽亚组

可食部位：籽粒

植物学分类：山茶科山茶属常绿灌木或小乔木

其他信息：油茶树被誉为"东方树"，是中国特有的木本类植物油资源。种植面积比较大的省份主要是湖南、江西和广西。油茶籽是油茶的种子。

7 饮料作物

7.1 茶

中文名称：茶

别　　名：槚、茗、荈、茶树、茶叶、元茶

拉丁学名：*Camellia sinensis*（L.）O. Kuntze（several cultivars）（异名：*Camellia thea* Link；*Camellia theifera* Griff.；*Thea sinensis* L.；*Thea bohea* L.；*Thea viridis* L.）

英文名称：Tea

CAC商品：（非初级农产品，正在讨论中）

DT 1114 Tea，black（black，femented and dried）红茶

DT 1116 Tea，green 绿茶

DT 0171 Teas（tea and herb teas）茶

可食部位：茶叶

植物学分类：山茶科山茶属灌木或小乔木植物

其他信息：野生种遍见于中国长江以南各省份的山区，为小乔木状，叶片较大，常超过10厘米长，长期以来，经广泛栽培，毛被及叶型变化很大。中国名茶包括西湖龙井、洞庭碧螺春、黄山毛峰、庐山云雾茶、福建铁观音、君山银针、六安瓜片、信阳毛尖、武夷岩茶、祁门红茶、云南普洱。根据生态条件、产茶历史、茶树类型等中国划分

为四大茶区。华南茶区：包括广东、广西、福建、台湾、海南等省份，茶树品种主要为乔木型大叶种，茶叶11月底至次年3月均可播种。西南茶区：包括云南、贵州、四川以及西藏东南部，主要为灌木型、小乔木型和乔木型茶树，茶叶11月底至次年3月均可播种。江南茶区：包括浙江、湖南、江西等省和皖南、苏南、鄂南等地，为我国茶叶的主要产区，茶树品种主要是灌木型中叶种和小叶种，茶叶11月底至次年3月均可播种。江北茶区：包括河南、陕西、甘肃、山东等省和皖北、苏北、鄂北等地，茶树品种多为灌木型中小叶种，抗寒性强，宜在3月中下旬播种，在4月中旬前完成播种。以上均可收获春、夏、秋三季茶。茶叶产量较大的省份主要有福建、云南、湖北、四川、湖南、浙江、贵州、安徽、广东、河南等。

7.2　咖啡豆

中文名称：咖啡豆

拉丁学名：*Coffea arabica* L.；*Coffea canephora* Pierre ex Froehner；*Coffea liberica* Bull ex Hiern.（ssp. and cultivars）

英文名称：Coffee bean

CAC商品：

　　SB 0716 Coffee bean　咖啡豆

　　SB 0091 Group of seeds for beverages　饮料种子组

可食部位：咖啡豆

植物学分类：茜草科咖啡属热带常绿植物

其他信息：咖啡树是生长于热带高地的小灌木。咖啡豆是咖啡树的种子。目前全球咖啡豆可分类为Arabica、Robusta、Liberica 3种，Arabica是最主要的咖啡豆品种。世界三大主要咖啡栽培生长地区是非洲、印度尼西亚及中南美洲。中国的咖啡豆主产区在云南，海南也有少量种植。

7.3　可可豆

中文名称：可可豆

别　　名：可可子

拉丁学名：*Theobroma cacao* L.（several ssp.）

英文名称：Cacao bean

CAC 商品：

　　SB 0715 Cacao bean　可可豆

　　SB 0091 Group of seeds for beverages　饮料种子组

　　FI 0715 Cacao（pulp）可可

　　FI 2022 Subgroup of assorted tropical and sub-tropical fruits—inedible smooth peel—
　　　　　large　大型皮不可食热带及亚热带水果亚组

可食部位：可可豆

植物学分类：梧桐科可可属常绿乔木

其他信息：原产美洲中部及南部，广泛栽培于全世界热带地区。中国海南、台湾和云南南部有栽培。可可豆是可可的种子。

7.4　啤酒花

中文名称：啤酒花

别　　名：忽布、蛇麻花、酵母花、酒花、啤瓦古丽、香蛇麻拉丁学名：*Humulus lupulus* L.

英文名称：Hop

CAC商品：

　　MU 1100 Hops　啤酒花

可食部位：花瓣

植物学分类：桑科葎草属多年蔓生草本植物

其他信息：原产欧洲、美洲和亚洲。中国新疆天山、阿尔泰山山脉均有广泛分布，集中分布于阿尔泰地区的额尔齐斯河及其分支流域，塔城地区的额敏河流域，伊犁地区的伊犁河流域等地。另外，在宁夏、甘肃、四川、陕西和云南也有啤酒花的分布。既为食品加工原料，又为药用植物。花为酿造啤酒的原料。

7.5　菊花

中文名称：菊花

别　　名：寿客、金英、黄华、秋菊、陶菊、甘菊、料理菊、寿容

拉丁学名：*Dendranthema morifolium*（Ramat.）Tzvel

英文名称：Chrysanthemum

CAC商品：无

可食部位：花瓣

植物学分类：菊科菊属双子叶多年生宿根草本植物

其他信息：菊花遍布中国各地。按栽培方法分为多头菊、独本菊、大立菊、悬崖菊、案头菊等；按花瓣的外观形态分为园抱、退抱、反抱、乱抱、露心抱、飞午抱等栽培类型。中国名菊有杭白菊（浙江）、亳菊（安徽）、滁菊（安徽）、贡菊（安徽）、济菊（山东）、祁白菊（河北、河南、山东、山西、陕西等）、怀菊（河南）。

7.6 玫瑰花

中文名称：玫瑰花

别　　名：徘徊花、刺玫花、刺客、穿心玫瑰

拉丁学名：*Rosa rugosa* Thunb.

英文名称：Rose；Rugosa rose；Rugose rose

CAC商品：无

可食部位：花瓣

植物学分类：蔷薇科蔷薇属多年生灌木玫瑰的干燥花蕾

其他信息：原产中国华北以及日本和朝鲜，分布于亚洲东部地区、保加利亚、印度、俄罗斯、美国、朝鲜等地。中国分布于北京、江西、四川、云南、青海、陕西、湖北、新疆、湖南、河北、山东、广东、辽宁、江苏、甘肃、内蒙古、河南、山西、安徽和宁夏等地。蔷薇科中有三杰：玫瑰、月季和蔷薇，都是蔷薇属植物。在英语中它们均称为Rose。玫瑰常见的品种有红玫瑰、黄玫瑰、紫玫瑰、白玫瑰、黑玫瑰、绿玫瑰、橘红色玫瑰和蓝玫瑰等。

8 食用菌

8.1 蘑菇类

8.1.1 平菇 ◇

中文名称：平菇

别　　名：侧耳、糙皮侧耳、蚝菇、黑牡丹菇、北风菌、青蘑、桐子菌、秀珍菇（台湾）

拉丁学名：*Pleurotus ostreatus*（Jacq.）P. Kumm；以及其他*Pleurotus* spp.（including grey-oyster mushroom，abalone mushroom）

英文名称：Oyster mushroom

CAC商品：

　　VF 3063 Oyster mushroom　平菇

　　VF 2084 Group of edible fungi　食用菌组

可食部位：子实体

植物学分类：担子菌门蘑菇目侧耳科侧耳属

其他信息：中国河北、河南、山东、辽宁、江苏、广西等地区产量较高。按子实体的色泽，平菇可分为深色种（黑色种）、浅色种、乳白色种和白色种四大品种类型。不同地区人们对平菇色泽的喜好不同，因此栽培者选择品种时常把子实体色泽放在第一位。

8.1.2　香菇

中文名称：香菇

别　　名：花蕈、香信、椎茸、冬菰、厚菇、花菇、香蕈、香菌、冬菇

拉丁学名：*Lentinula edodes*（Berk.）Pegler

英文名称：Shiitake mushroom

CAC 商品：

VF 3067 Shiitake mushroom　香菇

VF 2084 Group of edible fungi　食用菌组

可食部位：子实体

植物学分类：蘑菇目光茸菌科香菇属

其他信息：起源于中国，是世界第二大菇。中国主要分布在河南、福建、湖北、河北、浙江、四川等省，人工栽培几乎遍及全国。世界香菇主要分布在太平洋西侧的一个弧形地带，北至日本的北海道，南至巴布亚新几内亚，西到尼泊尔的道拉吉里山麓。此外，非洲北部地中海沿岸也有香菇变种，新西兰分布着类似的香菇，南美的巴塔哥尼亚地区也有栽培。

8.1.3　金针菇

中文名称：金针菇

别　　名：毛柄金钱菇、毛柄金钱菌、毛柄小火菇、构菌、冬菇、朴菇、朴菰、冻菌、金菇、智力菇

拉丁学名：*Flammulina velutipes*（Curtis）Singer；*Flammulina filiformis*

英文名称：Enoke；Enoki mushroom；Winter mushroom

CAC商品：

　　VF 3056 Enoke　金针菇

　　VF 2084 Group of edible fungi　食用菌组

可食部位：子实体

植物学分类：蘑菇目泡头菌科小火焰菌属（一种菌藻地衣）

其他信息：金针菇在自然界广为分布，中国、日本、俄罗斯、澳大利亚及欧洲、北美洲等地均有分布。中国北起黑龙江，南至云南，东起江苏，西至新疆均适合金针菇的生长。

8.1.4 茶树菇

中文名称：茶树菇

别　　名：无

拉丁学名：*Agrocybe aegerita*（V. Brig.）Singer；*Agrocybe cylindracea*

英文名称：Black poplar mushroom

CAC商品：

　　VF 3050 Black poplar mushroom　茶树菇

　　VF 2084 Group of edible fungi　食用菌组

可食部位：子实体

植物学分类：蘑菇目粪锈伞科田头菇属

其他信息：茶树菇主要分布在北温带地区，亚热带地区也有分布，热带地区罕见。中国茶树菇主要分布在江西广昌、黎川和福建古田。

8.1.5 竹荪

中文名称：竹荪

别　　名：竹笙、竹参、长裙竹荪、面纱菌、网纱菌、竹姑娘、僧笠蕈、僧竺蕈

拉丁学名：*Dictyophora indusiata*（Vent.ex Pers）Fisch

英文名称：Long net stinkhorn；Netted stinkhorn；Verled lady

CAC商品：无

可食部位：子实体

植物学分类：鬼笔目鬼笔科竹荪属

其他信息：中国、日本、印度、斯里兰卡、印度尼西亚、菲律宾、朝鲜、美国、古巴、巴西、英国、法国、俄罗斯、墨西哥、澳大利亚，以及东非等都有竹荪分布。中国分布范围很广，黑龙江、吉林、河北、陕西、江苏、浙江、安徽、湖南、湖北、江

西、福建、四川、云南、贵州、西藏、广东、广西及台湾等省份都有采集到竹荪的报道，但各地的竹荪品种不完全相同，其中以西南各省份分布较广。竹荪是寄生在枯竹根部的一种隐花菌类，常见并可供食用的有4种：长裙竹荪（*Dictyophora indusiata*）、短裙竹荪（*Dictyophora duplicata*）、棘托竹荪（*Dictyophora echinovolvata*）和红托竹荪（*Dictyophora rubrovolvata*）。

8.1.6 草菇

中文名称：草菇
别　　名：兰花菇、包脚菇、美味草菇、美味包脚菇、秆菇、麻菇
拉丁学名：*Volvariella volvacea*（Bull.）Singer
英文名称：Straw mushroom
CAC商品：

　　VF 3069 Straw mushroom 草菇

　　VF 2084 Group of edible fungi 食用菌组

可食部位：子实体
植物学分类：蘑菇目光柄菇科小包脚菇属
其他信息：草菇起源于中国，常生长在潮湿腐烂的稻草中。中国草菇多产于广东、广西、福建、江西、台湾等地区。

8.1.7 羊肚菌

中文名称：羊肚菌
别　　名：羊蘑、羊肚菜、草笠竹、羊肚子、美味羊肝菌

拉丁学名：*Morchella* spp.；*Morehella esculenta*（L.）Pers

英文名称：Morel

CAC商品：

    VF 3060 Morel 羊肚菌

    VF 2084 Group of edible fungi 食用菌组

可食部位：子实体

植物学分类：盘菌目羊肚菌科羊肚菌属

其他信息：羊肚菌在全世界都有分布，其中在法国、德国、美国、印度、中国分布较广，其次在苏联、瑞典、墨西哥、西班牙、捷克、斯洛伐克和巴基斯坦局部地区等有零星分布。中国主要分布在云南、河南、陕西、甘肃、青海、西藏、新疆、四川、山西、吉林等省份。

8.1.8 牛肝菌

中文名称：牛肝菌

别　　名：无

拉丁学名：*Boletus edulis* Bull.（包括其他 *Boletus* spp.）

英文名称：Cep

CAC商品：

    VF 3054 Cep 牛肝菌

    VF 2084 Group of edible fungi 食用菌组

可食部位：子实体

植物学分类：牛肝菌科和松塔牛肝菌科等真菌的统称

其他信息：主要有白、黄、黑牛肝菌，白牛肝菌生长于云南松、高山松、麻栎、金皮栎、青风栎等针叶林和混交林地带，单生或群生。常与栎和松树的根形成菌根。产于6～10月，温暖地区稍出得早些，温凉、高寒地区出得晚一些。中国主要产自云南、四川等省，其中四川西昌最多。新疆喀什地区有部分分布。

8.1.9 口蘑 ◇

中文名称：口蘑

别　　名：白蘑、白蘑菇、蒙古口蘑、云盘蘑、银盘、营盘

拉丁学名：*Tricholoma gambosum*

英文名称：Mongolian mushroom

CAC商品：无

可食部位：子实体

植物学分类：蘑菇目口蘑科口蘑属野生蘑菇

其他信息：口蘑的主产地在内蒙古锡林郭勒盟（东乌珠穆沁旗、西乌珠穆沁旗和阿巴嘎旗）、呼伦贝尔、通辽及河北张家口地区。主要品种有白蘑、青腿子、马莲秆、杏香等。口蘑实际上并非一种，乃是集散地汇集起来的许多蘑菇的统称。子实体伞状，白色，菌盖宽 5 ～ 17 厘米，半球形至平展，光滑，菌褶稠密，菌柄长 3.5 ～ 7 厘米、粗 1.5 ～ 4.6 厘米。

中文名称：巨大口蘑，大白口蘑

别　　名：巨大口蘑又称金福菇、洛巴依口蘑、仁王口蘑

大白口蘑又称洛巴口蘑、大口蘑、长柄口蘑

拉丁学名：*Macrocybe gigantea*（Massee）Pegler & Lodge（巨大口蘑）；*Tricholoma giganteum* Massee（大白口蘑）

英文名称：Wangsongi

CAC 商品：

　　VF 3072 Wangsongi　巨大口蘑，大白口蘑

　　VF 2084 Group of edible fungi　食用菌组

可食部位：子实体

植物学分类：蘑菇目口蘑科野生蘑菇

其他信息：子实体中等至大型，丛生，白色，为菌类中少有的巨型真菌。菌盖直径 8 ～ 23 厘米，最大丛重达 45 千克。一朵直径 1.38 米、高 0.97 米、重 82.8 千克的野生食用菌"巨大口蘑"在玉溪市易门县樟木箐的喜祥庄园围墙内被发现。该庄园已为"巨大口蘑"成功申请世界纪录，成为世界上最大野生食用菌口蘑。

8.1.10　松茸

中文名称：松茸

别　　名：松口蘑、松蕈、合菌、台菌、青岗菌、松蘑、鸡丝菌

拉丁学名：*Tricholoma matsutake*（S. Ito & Imai）Singer

英文名称：Pine mushroom；Japanese pineal fungus

CAC 商品：

　　VF 3064 Pine mushroom　松茸

　　VF 2084 Group of edible fungi　食用菌组

可食部位：子实体

植物学分类：蘑菇目口蘑科口蘑属

其他信息：松茸是松、栎等树木外生的菌根真菌，一般在秋季生成，通常寄生于赤松、偃松、铁杉、日本铁杉的根部。中国松茸主产区有四川雅江，云南香格里拉、楚雄，吉林延边和西藏林芝等地区。目前全世界都不可人工培植。

8.1.11　双孢蘑菇

中文名称：双孢蘑菇
别　　名：洋蘑菇、二孢蘑菇、白蘑菇、蘑菇、洋菇、双孢菇
拉丁学名：*Agaricus bisporus*
英文名称：Button mushroom
CAC 商品：
　　参见 VF 0450 Mushrooms
　　VF 2084 Group of edible fungi 食用菌组
可食部位：子实体
植物学分类：蘑菇目蘑菇科蘑菇属

其他信息：双孢蘑菇栽培始于法国，是世界性栽培和消费的菇类，有"世界菇"之称。广泛分布于欧洲、北美洲、亚洲的温带地区。中国华南、华东、华中、东北、西北等地均有分布。双孢蘑菇依菌盖颜色可分为白色种、奶油色种和棕色种。双孢蘑菇的栽培方式有菇房栽培、大棚架式栽培和大棚畦栽等。

8.1.12　猴头菇

中文名称：猴头菇

别　　名：猴头菌、猴头蘑、猴头、猴菇、猴蘑、刺猬菌

拉丁学名：*Hericum erinaceus*（Bull.）Pers.

英文名称：Pom pom；Monkey head mushroom

CAC商品：

　　VF 3065 Pom pom　猴头菇

　　VF 2084 Group of edible fungi　食用菌组

可食部位：子实体

植物学分类：红菇目猴头菌科猴头菇属

其他信息：野生猴头菇多生长在栎树等树干的枯死部位，喜欢低湿。主要分布在北温带的阔叶林或针叶、阔叶混交林中，如西欧、北美及日本、俄罗斯等地。中国黑龙江、辽宁、吉林、河南、河北、西藏、山西、甘肃、陕西、内蒙古、四川、湖北、广西、浙江等都有出产。其中以东北大兴安岭、西北天山和阿尔泰山、西南横断山脉、西藏喜马拉雅山等林区尤多。

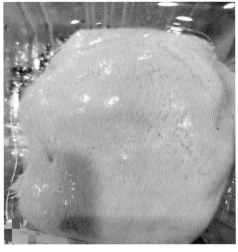

8.1.13　白灵菇

中文名称：白灵菇

别　　名：阿魏蘑、阿魏侧耳、阿魏菇

拉丁学名：*Pleurotus nebrodensis*（Inzengae）Quélet；*Pleurotus eryngii* var. *ferulae*

英文名称：Ferule mushroom

CAC商品：无

可食部位：子实体

植物学分类：蘑菇目侧耳科侧耳属

其他信息：中国白灵菇生产基地分布于河北邯郸、遵化、灵寿，天津蓟州，安徽阜南，北京通州、房山、顺义，新疆乌鲁木齐、青河，河南虞城、清丰，山西清徐等。

8.1.14　杏鲍菇

中文名称：杏鲍菇

别　　名：刺芹侧耳、干贝菇、杏仁鲍鱼菇

拉丁学名：*Pleurotus eryngii* Quel.

英文名称：King oyster mushroom

CAC商品：无

可食部位：子实体

植物学分类：蘑菇目侧耳科侧耳属

其他信息：主要分布在意大利、西班牙、法国、德国、捷克、斯洛伐克、匈牙利、摩洛哥、印度、巴基斯坦、中国。中国很多地方都有杏鲍菇生产，其中河北石家庄和保定唐县杏鲍菇的生产规模较大。

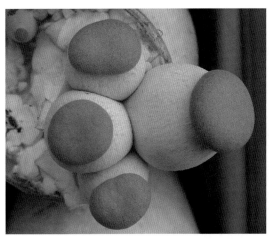
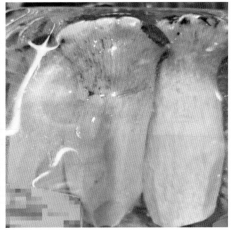

8.2　木耳类

8.2.1　黑木耳 ◆

中文名称：黑木耳

别　　名：木菌、光木耳、树耳、木蛾、黑菜云耳、黑菜、云耳、白背木耳、黄背木耳

拉丁学名：*Auricularia auricular-judea*（Fr.）J. Schröt；*Auricularia heimuer*［异名：*Auricularia auricular*（Hook.f.）Underw.］

英文名称：Hirmeola；Agaric；Wood-ear mushroom

CAC商品：

VF 3057 Hirmeola 黑木耳

VF 2084 Group of edible fungi 食用菌组

可食部位：子实体

植物学分类：木耳目木耳科木耳属

其他信息：主要生长在中国和日本。中国是木耳的主产国，主要分布在黑龙江，河南、吉林、福建、江苏、湖北也有种植。其中黑龙江海林、东宁和吉林蛟河黄松甸镇是中国最大的黑木耳基地。

8.2.2 银耳 ◇

中文名称：银耳

别　　名：白木耳、雪耳、银耳子

拉丁学名：*Tremella fuciformis* Berk.

英文名称：White jelly mushroom；Jelly fungi

CAC商品：

VF 3073 White jelly mushroom 银耳

VF 2084 Group of edible fungi 食用菌组

可食部位：子实体

植物学分类：银耳目银耳科银耳属

其他信息：银耳是中国的特产。野生银耳主要分布于中国四川、浙江、福建、江苏、江西、安徽、台湾、湖北、海南、湖南、广东、香港、广西、贵州、云南、陕西、甘肃、内蒙古和西藏等地区。

8.2.3 金耳

中文名称：金耳
别　　名：黄木耳、茂若色尔布（藏语）、金黄银耳、黄耳、脑耳
拉丁学名：*Tremella aurantialba* Bandoni et Zang
英文名称：Golden-white ear
CAC商品：无
可食部位：子实体
植物学分类：银耳目银耳科银耳属
其他信息：中国主要野生分布区在山西、吉林、福建、江西、四川、云南、甘肃、西藏等地，其他地区有栽培。

8.2.4 毛木耳

中文名称：毛木耳
别　　名：黄背木耳、白背木耳
拉丁学名：*Auricularia polytricha*（Mont.）Sacc.；*Auricularia cornea*
英文名称：Wood ears mushroom；Hairy jew ear
CAC商品：
　　VF 3074 Wood ears mushroom　毛木耳
　　VF 2084 Group of edible fungi　食用菌组
可食部位：子实体
植物学分类：木耳目木耳科木耳属

其他信息：生于热带、亚热带地区，在温暖、潮湿季节丛生于枯枝、枯干上。主要分布于中国河北、山西、内蒙古、黑龙江、江苏、安徽、浙江、江西、福建、台湾、河南、广西、广东、香港、陕西、甘肃、青海、四川、贵州、云南、海南等地区。

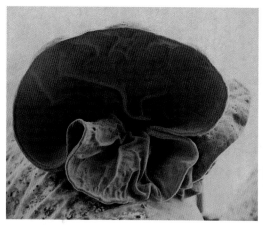 

8.2.5 石耳

中文名称：石耳
别　　名：石木耳、岩菇、脐衣、石壁花
拉丁学名：*Umbilicaria esculenta* Miyoshi
英文名称：**Gyrophora**
CAC商品：无
可食部位：子实体
植物学分类：瓶口衣科腐生性中温型真菌
其他信息：石耳在中国南方及陕南山区均有生产。

8.3 其他食用菌

8.3.1 秀珍菇

中文名称：秀珍菇
别　　名：小平菇、姬菇、黄白平菇、肺形侧耳
拉丁学名：*Pleurotus geesteranus*；*Pleurotus pulmonarius*
英文名称：无

CAC商品：

    参见 VF 3063 Oyster mushroom

    VF 2084 Group of edible fungi 食用菌组

可食部位：子实体

植物学分类：蘑菇目侧耳科侧耳属

其他信息：秀珍菇是广义上的平菇的一种，原产印度。中国广东、福建、山西、吉林等很多地方均有栽培。

中文名称：凤尾菇

别　　　名：印度平菇、环柄斗菇、印度鲍鱼菇

拉丁学名：*Pleurotus sajor-caju*

英文名称：Phoenix-tail mushroom

CAC商品：

    参见 VF 3063 Oyster mushroom

    VF 2084 Group of edible fungi 食用菌组

可食部位：子实体

植物学分类：蘑菇目侧耳科侧耳属

其他信息：凤尾菇又名灰平菇，属于平菇一类的食用菌，是人们经常食用的一种蘑菇。在某些地区又称秀珍菇、鸡尾菇。

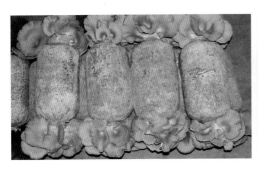 

9 调味料

9.1 叶类

9.1.1 芫荽 ◆

中文名称：芫荽

别　　名：胡荽、香荽、香菜、胡菜

拉丁学名：*Coriandrum sativum* L.

英文名称：Coriander

CAC商品：

HH 3209 Coriander leaves　芫荽

HH 2095 Subgroup of herbs　草本植物香草亚组

HS 0779 Coriander，seed　芫荽籽

HS 0190 Subgroup of spices，seeds　籽粒类香料亚组

HS 3313 Coriander，fruit　果实

HS 0191 Subgroup of spices，fruit or berries　果实和浆果类香料亚组

HS 3366 Coriander，root　根

HS 0193 Subgroup of spices，root or rhizome　根和根茎类香料亚组

可食部位：叶、果实、种子、根

植物学分类：伞形科芫荽属一二年生草本植物

其他信息：原产地中海沿岸及中亚地区。中国各地均有栽培。其叶具有特殊香气，为主要食用部分，种子也是调味佳品。芫荽属耐寒性蔬菜，要求较冷凉湿润的环境条件。在一般情况下，幼苗在2～5℃低温下经过10～20天，可完成春化。由于芫荽喜冷凉，历来在冬春季节栽培。

9.1.2　薄荷　◇

中文名称：薄荷

别　　名：野薄荷、南薄荷、夜息香、见肿消、水薄荷、水益母、接骨草、土薄荷、鱼香草、鱼香菜、香薷草、番荷菜、苏薄荷、仁丹草、野银丹草、升阳菜、狗肉香

拉丁学名：*Menthantha canadensis* Linnaeus；*Mentha arvensis* L.；*Mentha spicata* L. [异名：*Mentha cordifolia* Opiz ex Fresen.；*Mentha × piperita* L.；*Mentha × gracilis* Sole；*Mentha aquatica* L.；*Mentha longifolia*（L.）Huds.；*Mentha suaveolens* Ehrh.；*Mentha requienii* Benth.；*Mentha viridis* L.]

英文名称：Mint

CAC商品：

HH 0738 Mint　薄荷

HH 2095 Subgroup of herbs　草本植物香草亚组

可食部位：幼嫩茎叶（菜食）、全草（入药）

植物学分类：唇形科薄荷属多年生草本植物

其他信息：多生于山野湿地河旁，根茎横生地下，海拔可达3 500米，多见于海拔2 100米处。中国各地多有栽培，其中江苏、安徽为传统地道产区，但栽培面积日益减少。亚洲热带、俄罗斯远东地区、朝鲜、日本及北美洲（南达墨西哥）也有分布。

9.1.3 罗勒

中文名称：罗勒

别　　名：零陵香、兰香、香菜、翳子草、矮糠、薰草、家佩兰、省头草、光明子、香草、香荆芥、缠头花椒、佩兰、家薄荷、香草头、香叶草、光阴子、荆芥、九重塔、九层塔、千层塔、茹香、鱼香、薄荷树、鸭香、小叶薄荷、蒿黑、寒陵香、金不换、圣约瑟夫草、甜罗勒

拉丁学名：*Ocimum basilicum* L.；*Ocimum × citrodorum* Vis.；*Ocimum minimum* L.；*Ocimum americanum* L.；*Ocimum gratissimum* L.；*Ocimum tenuiflorum* L.

英文名称：Basil

CAC商品：

　　HH 0722 Basil，leaves 罗勒叶

　　HH 2095 Subgroup of herbs（herbaceous plants）草本植物香草亚组

　　HS 0722 Basil，seed 罗勒籽

　　HS 0190 Subgroup of spices，seeds 籽粒类香料亚组

可食部位：茎叶、全草（入药）

植物学分类：唇形科罗勒属植物

其他信息：原产非洲、美洲及亚洲热带地区。中国主要分布于新疆、吉林、河北、河南、浙江、江苏、安徽、江西、湖北、湖南、广东、广西、福建、台湾、贵州、云南及四川等地。有疏柔毛变种和大型变种。

9.1.4 紫苏

中文名称：紫苏

别　　名：苏、桂荏、荏、白苏、荏子（银子）、赤苏、红勾苏、红（紫）苏、黑苏、白紫苏、青苏、鸡苏、香苏、臭苏、野（紫）苏（子）、（野）苏麻、大紫苏、假紫苏、水升麻、野藿麻、聋耳麻、香薷、孜珠、兴帕夏噶（藏语）、苏草、唐紫苏、皱叶苏

拉丁学名：*Perilla frutescens*（L.）Britt.

英文名称：Perilla

CAC商品：

HH 3249 Perilla，leaves　紫苏叶

HH 2095 Subgroup of herbs　草本植物香草亚组

VL 2765 Perilla leaves　紫苏叶

VL 2050 Subgroup of leafy greens　绿叶菜蔬菜亚组

SO 3145 Perilla seed　紫苏籽

SO 2090 Subgroup of small seed oilseeds　油菜籽类作物亚组

可食部位：叶、籽、嫩枝

植物学分类：唇形科紫苏属一年生草本植物

其他信息：原产中国，主要分布于印度、缅甸、日本、朝鲜、韩国、印度尼西亚和俄罗斯等国家。中国华北、华中、华南、西南及台湾均有野生种和栽培种。相关变种：紫苏原变种（*Perilla frutescens* var. *frutescens*）、野生紫苏（*Perilla frutescens* var. *acuta*）、耳齿变种（*Perilla frutescens* var. *auriculatodentata*）、回回苏（*Perilla frutescens* var. *crispa*）。可入药，药材名：子为（紫）苏子，叶为（紫）苏叶，梗为（紫）苏梗，头为（紫）苏头（蔸）。

9.2 果实类

9.2.1 花椒 ◇

中文名称：花椒

别　　名：蜀椒、秦椒、大椒、椒、椒、香椒、大花椒、山椒

拉丁学名：*Zanthoxylum bungeanum* Maxim.；*Zanthoxylum schinifolium* Siebold & Zucc.；*Zanthoxylum simulans* Hance；*Zanthoxylum piperitum*（L.）DC

英文名称：Sichuan pepper

CAC商品：

VL 3295 Sichuan pepper sprouts　花椒芽（玫瑰菜）

VL 2053 Subgroup of leaves of trees，shrubs and vines　树、灌木、藤本植物叶亚组

HS 3323 Pepper，Sichuan　花椒

HS 0191 Subgroup of spices，fruit or berries　果实和浆果类香料亚组

可食部位：花椒、芽

植物学分类：芸香科花椒属落叶小乔木

其他信息：中国分布于北起东北南部，南至五岭北坡，东南至江苏、浙江沿海地带，西南至西藏东南部；台湾、海南及广东不产。

9.2.2 胡椒 ◇

中文名称：胡椒

别　　名：白胡椒、黑胡椒、昧履支、披垒、坡洼热

拉丁学名：*Piper nigrum* L.

英文名称：Pepper

CAC商品：

　　HS 0790 Pepper，black；white；pink；green 胡椒

　　HS 0191 Subgroup of spices，fruit or berries 果实和浆果类香料亚组

可食部位：果实

植物学分类：胡椒科胡椒属木质攀缘藤本植物

其他信息：原产东南亚，现广植于热带地区。中国台湾、福建、广东、广西、海南及云南等省份均有栽培。

9.2.3　豆蔻

中文名称：草豆蔻

别　　名：漏蔻、草果、草蔻、大草蔻、偶子、草蔻仁、飞雷子、弯子

拉丁学名：*Alpinia hainanensis*［异名：*Alpinia katsumadae* Hayata；*Alpinia katsumadai* Hayata；*Languas katsumadai*（Hayata）］

英文名称：Alpinia hainanensis

CAC 商品：无

可食部位：果实

植物学分类：姜科山姜属多年生常绿草本植物

其他信息：原产印度尼西亚。中国产地主要为广东、广西，生于山地疏林或密林中。豆蔻有草豆蔻、白豆蔻、红豆蔻几种。

中文名称：白豆蔻

别　　名：多骨、壳蔻、白蔻、叩仁

拉丁学名：*Amomum kravanh* Pierre ex Gagnep.

英文名称：Amomum cardamom

CAC 商品：

　　HS 0775 Cardamom，pods and seeds　白豆蔻

　　HS 0191 Subgroup of spices，fruit or berries　果实和浆果类香料亚组

可食部位：果实（入药）

植物学分类：姜科豆蔻属植物

其他信息：主产于越南、泰国等地。中国广东、广西、云南等地亦有栽培。

中文名称：红豆蔻

别　　名：大良姜、山姜、红蔻

拉丁学名：*Alpinia galanga* Sw. ［异名：*Languas galanga*（L.）Stunz，大高良姜］；*Alpinia officinarum* Hance［异名：*Languas officinarum*（Hance）Farwelll，高良姜］；*Kaempferia galanga* L.

英文名称：Galangal

CAC商品：

　　HS 0783 Galangal，rhizome 红豆蔻根

　　HS 0193 Subgroup of spices，root or rhizome 根和根茎类香料亚组

可食部位：果实（入药）、根茎（入药）

植物学分类：姜科山姜属植物

其他信息：分布于广西、广东、台湾、云南等地。姜科山姜属植物大高良姜（*Alpinia galanga*）的干燥成熟果实供药用，称红豆蔻。秋季果实变红时采收，除去杂质，阴干。民间也将其用作高良姜（*Alpinia officinarum*）的代用品入药。

中文名称：肉豆蔻

别　　名：玉果、肉果、迦拘勒、豆蔻、顶头肉

拉丁学名：*Myristica fragrans* Houtt.

英文名称：Mace；Nutmeg

CAC商品：

　　HS 0788 Mace　干假种皮

　　HS 0196 Spices，aril　种皮类香料

　　HS 0789 Nutmeg　肉豆蔻

　　HS 0190 Subgroup of spices，seeds　籽粒类香料亚组

可食部位：种仁、假种皮

植物学分类：肉豆蔻科肉豆蔻属常绿乔木

其他信息：原产马鲁古群岛，热带地区广泛栽培。中国台湾、广东、云南等地已引种试种。肉豆蔻是一种重要的香料、药用植物。种仁有毒，少量种仁食后产生幻觉，有人称为"麻醉果"。

9.3　种子类

9.3.1　八角　◇

中文名称：八角

别　　名：八角茴香、五香八角、大料、八月珠、八角大茴、八角香、唛角、大茴香、八角茴蚝、舶上茴香、舶茴香、原油茴

拉丁学名：*Illicium verum* Hook.f.

英文名称：Star anise

CAC商品：

HS 3327 Star anise　八角

HS 0191 Subgroup of spices，fruit or berries　果实和浆果类香料亚组

可食部位：干燥成熟果实

植物学分类：木兰科八角属乔木植物

其他信息：分布于中国、越南、柬埔寨、缅甸、印度尼西亚（苏门答腊岛）、菲律宾（加里曼丹岛）、墨西哥、海地及美国（佛罗里达州）。中国主产于广西（百色、南宁、钦州、梧州、玉林等地区多有栽培），海拔200～700米，天然分布海拔可到1 600米。广西桂林雁山（约北纬25°11′）和江西上饶陡水镇（北纬25°50′）都已引种。福建南部、广东西部、云南东南部和南部也有种植。

9.4　根茎类

9.4.1　桂皮 ◇

中文名称：桂皮

别　　名：桂、玉桂、桂枝、肉桂、筒桂

拉丁学名：*Cinnamomum verum* J. Presl.；*Cinnamomum cassia*（异名：*Cinnamomum aromaticum* Nees）；*Cinnamomum burmannii*（Nees & T. Nees）Blume；*Cinnamomum loureiroi* Nees；*Cinnamomum subavenium* Miq.；*Cinnamomum japonicum* Sieb

英文名称：Cinnamon

CAC商品：

HS 0777 Cinnamon，bark 桂皮

HS 0192 Subgroup of bark 树皮类香料亚组

HS 3312 Cinnamon，fruit 锡兰肉桂

HS 0191 Subgroup of spices，fruit or berries 果实和浆果类香料亚组

可食部位：树皮

植物学分类：樟科樟属植物

其他信息：原产中国。现中国广东、广西、福建、台湾、云南等省份的热带及亚热带地区广为栽培，其中尤以广西栽培为多。桂皮为樟科樟属植物肉桂（*Cinnamomum cassia*）、锡兰肉桂（*Cinnamomum verum*）、阴香（*Cinnamomum burmannii*）、细叶香桂（*Cinnamomum subavenium*）、天竺桂（*Cinnamomum japonicum*）、川桂（*Cinnamomum wilsonii*）等树皮的通称。肉桂的树皮、叶及"桂花"（初结的果）均有强烈的肉桂味，其中以桂花最浓，依次为花梗、树皮及叶。入药因部位不同，药材名称不同，树皮称肉桂，枝条横切后称桂枝，嫩枝称桂尖，叶柄称桂芽，果托称桂盅，果实称桂子，初结的果称桂花或桂芽。

9.4.2 山嵛菜

中文名称：山嵛菜

别　　名：山葵、瓦萨比、山姜、泽葵

拉丁学名：*Eutrema japponica*（Miq.）Koidz.；*Eutrema yunnanense* Franch.

英文名称：Wasabi

CAC商品：

VL 2786 Wasabi leaves 山嵛菜叶

VL 0054 Subgroup of leaves of Brassicaceae 叶类芸薹蔬菜亚组

HH 3256 Wasabi，stem 山嵛菜茎

HH 2095 Subgroup of herbs 草本植物香草亚组

可食部位：根茎、叶片

植物学分类：十字花科山嵛菜属多年生常绿宿根性植物

其他信息：产于江苏、浙江、湖北、湖南、陕西、甘肃、四川、云南，生于林下或山坡草丛、沟边、水中，海拔 1 000 ～ 3 500 米。

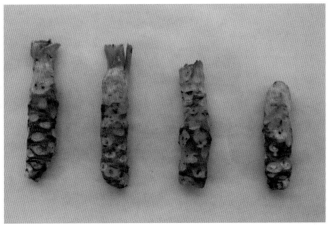

9.5 其他调味料

9.5.1 留兰香

中文名称：留兰香

别　　名：绿薄荷、香花菜、香薄荷、青薄荷、血香菜、狗肉香、土薄荷、鱼香菜、鱼香、鱼香草、狗肉香菜、假薄荷

拉丁学名：*Mentha spicata* Linn.

英文名称：Mentha spicata

CAC 商品：

　　参见 HH 0738 Mint

　　HH 2095 Subgroup of herbs 草本植物香草亚组

可食部位：嫩枝、嫩叶（调味料）或全草（入药）

植物学分类：唇形科薄荷属直立多年生草本植物

其他信息：原产南欧、加那利群岛、马德拉群岛、苏联。中国河南、河北、江苏、浙江、广东、广西、四川、贵州、云南等地有栽培或逸为野生，新疆有野生。

9.5.2 月桂 ◇

中文名称：月桂
别　　名：香叶
拉丁学名：*Laurus nobilis* L.
英文名称：Laurel

CAC 商品：

　　HH 0723 Laurel，leaves　月桂

　　HH 2096 Subgroup of leaves of woody plants　木本植物叶类香草亚组

可食部位：叶；花、果和根可入药

植物学分类：樟科月桂属常绿小乔木或灌木

其他信息：原产地中海沿岸。中国浙江、江苏、福建、台湾、四川及云南等省份有引种栽培。

9.5.3　欧芹　◆

中文名称：欧芹

别　　名：香芹菜、法香、巴西利、洋香菜、荷兰芹、旱芹菜、番荽、洋芫荽、欧洲没药

拉丁学名：*Petroselinum crispum*（Mill.）Nyman ex A. W. Hill（异名：*Petroselinum sativum* Hoffm.；*Petroselinum hortense* auct.；*Petroselinum crispum* var. *neapolitanum* Danert）

英文名称：Parsley

CAC 商品：

　　HH 0740 Parsley，leaves　欧芹叶

　　HH 2095 Subgroup of herbs　草本植物香草亚组

　　HS 0740 Parsley，seed　欧芹籽

　　HS 0190 Subgroup of spices，seeds　籽粒类香料亚组

可食部位：根、茎叶、籽粒

植物学分类：伞形科欧芹属一二年生草本植物

其他信息：原产地中海沿岸，欧洲栽培历史悠久，世界各地均有分布。中国有较多栽培。

9.5.4 迷迭香

中文名称：迷迭香

别　　名：无

拉丁学名：*Rosmarinus officinalis* L.

英文名称：Rosemary

CAC商品：

　　HH 0741 Rosemary　迷迭香

　　HH 2095 Subgroup of herbs　草本植物香草亚组

可食部位：叶、花

植物学分类：唇形科迷迭香属灌木

其他信息：原产欧洲地区和非洲北部地中海沿岸，在欧洲南部主要作为经济作物栽培。中国现主要在南方大部分地区与山东栽种。

9.5.5 柠檬草

中文名称：柠檬草

别　　名：香茅、香茅草、大风草、香麻、柠檬香茅、柠檬茅、芳香草

拉丁学名：*Cymbopogon citratus*（DC.）Stapf；*Cymbopogon flexuosus*（Nees ex Steud.）Will. Watson

英文名称：Lemongrass

CAC商品：

　　HH 3233 Lemongrass　柠檬草

　　HH 2095 Subgroup of herbs　草本植物香草亚组

可食部位：叶

植物学分类：禾本科香茅属多年生密丛型具香气草本植物

其他信息：广泛种植于热带地区，主要栽培于西印度群岛、非洲东部及中国。中国主要分布在广东、福建、广西、云南等省份。

9.5.6　孜然芹

中文名称：孜然芹

别　　名：孜然、枯茗

拉丁学名：*Cuminum cyminum* L.

英文名称：Cumin

CAC商品：

　　HS 0780 Cumin，seed　孜然芹籽

　　HS 0190 Subgroup of spices，seeds　籽粒类香料亚组

可食部位：果实

植物学分类：伞形科孜然芹属一年生或二年生草本植物

其他信息：原产埃及、埃塞俄比亚。苏联、地中海沿岸、伊朗、印度及北美洲也有栽培。中国新疆有栽培。

10 饲料作物

10.1 苜蓿

中文名称：苜蓿

别　　名：紫花苜蓿、光风草、连枝草、紫苜蓿、蓿草、金花菜、母齐头

拉丁学名：*Medicago sativa* L；*Medicago sativa* L. subsp. *sativa* L.

英文名称：Alfalfa

CAC商品：

　　VL 1020 Alfalfa sprouts　苜蓿芽

　　VL 2058 Subgroup of sprouts　芽菜亚组

　　作为饲料作物，其编码尚在讨论中

可食部位：全草（饲料）、芽

植物学分类：豆科苜蓿属植物

其他信息：其中最著名的是作为牧草的紫花苜蓿。苜蓿菜即南苜蓿，是苜蓿中的一种，上海人称为"草头"，江苏人称为"金花菜"，浙江人称为"草籽"等。紫花苜蓿原产伊朗，是当今世界分布最广的栽培牧草。中国紫花苜蓿分布很广，主产区在西北、华北、东北、江淮流域，夏、秋季采收。

10.2　黑麦草

中文名称：黑麦草

别　　名：黑燕麦、麦草、宿根毒麦

拉丁学名：*Lolium perenne* L.

英文名称：Ryegrass

CAC商品：作为饲料作物，其编码尚在讨论中

可食部位：全草（饲料）

植物学分类：禾本科黑麦草属多年生植物

其他信息：世界各地普遍引种栽培的优良牧草。生于草甸草场，路旁湿地常见。广泛分布于克什米尔地区、巴基斯坦、欧洲、亚洲暖温带、非洲北部。黑麦草为高尔夫球道常用草。

11 药用植物

11.1 根茎类

11.1.1 人参 ◆

中文名称：人参
别　　名：圆参、黄参、棒槌、鬼盖、黄参、地精、神草、百草之王、土精
拉丁学名：*Panax* spp.
英文名称：Ginseng
CAC 商品：
　　VR 0604 Ginseng　人参
　　VR 2070 Subgroup of root vegetables　根类蔬菜亚组
可食部位：根和根茎（入药）
植物学分类：五加科人参属多年生草本植物
其他信息：分布于辽宁东部、吉林东半部和黑龙江东部，河北、山西、山东有引种。其中吉林人参产量占全国产量的80%以上。

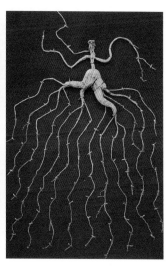

11.1.2　三七

中文名称：三七

别　　名：田七、假人参、人参三七、参三七、文州三七、藏三七、土三七、血山草、六月淋、蝎子草、金不换、铜皮铁骨、盘龙七

拉丁学名：*Panax pseudoginseng* Wall.；*Panax notoginseng*（Burkill）F. H. Chen

英文名称：Pseudoginseng；Notoginseng

CAC商品：

　　参见 VR 0604 Ginseng

　　VR 2070 Subgroup of root vegetables　根类蔬菜亚组

可食部位：干燥根和根茎（入药）

植物学分类：五加科人参属多年生直立草本植物

其他信息：三七主要分布于云南、广西、江西、四川等地，主产于云南文山。

11.1.3　天麻

中文名称：天麻

别　　名：赤箭、独摇芝、离母、合离草、神草、鬼督邮、木浦、明天麻、定风草、白龙皮等

拉丁学名：*Gastrodia elata* Blume

英文名称：Gastrodia

CAC 商品：

  VR 2977 Gastrodia tuber 天麻块茎

  VR 2071 Subgroup of tuberous and corm vegetables 块茎和球茎类蔬菜亚组

可食部位：块茎

植物学分类：兰科天麻属植物

其他信息：中国是世界上天麻分布最多的国家，野生天麻主要分布于吉林、辽宁、河北、陕西、甘肃、安徽、河南、湖北、四川、贵州、云南、西藏等地，现多人工栽培。

11.1.4 甘草

中文名称：甘草

别 名：国老、甜草、乌拉尔甘草、甜根子、甜草根、红甘草、粉甘草

拉丁学名：*Glycyrrhiza uralensis* Fisch.

英文名称：Licorice

CAC 商品：

  参见 HS 0787 Liquorice，root

  HS 0193 Subgroup of spices，root or rhizome 根和根茎类香料亚组

可食部位：根、根状茎（入药）

植物学分类：豆科甘草属多年生草本植物

其他信息：甘草多生长在干旱半干旱的荒漠草原、沙漠边缘和黄土丘陵地带。目前甘草人工种植已经遍布西北、华北、东北地区各省份，种植面积较大的有内蒙古、宁夏、甘肃、吉林、山西和新疆地区，河北、辽宁、黑龙江和青海也有一定的种植面积。

中文名称：光果甘草

别　　名：欧甘草、洋甘草

拉丁学名：*Glycyrrhiza glabra* L.

英文名称：Liquorice

CAC商品：

　　HS 0787 Liquorice，root　光果甘草根

　　HS 0193 Subgroup of spices，root or rhizome　根和根茎类香料亚组

可食部位：根、根状茎（入药）

11.1.5　半夏　◇

中文名称：半夏

别　　名：三叶半夏、三步跳、麻芋果、田里心、无心菜、老鸦眼、老鸦芋头、燕子尾、地慈姑、球半夏、尖叶半夏、老黄咀、老和尚扣、野芋头、老鸦头、地星、三步魂、麻芋子、小天老星、药狗丹、三叶头草、三棱草、洋犁头、小天南星、扣子莲、生半夏、土半夏、野半夏、半子、三片叶、三开花、三角草、三兴草、地文、和姑、守田、地珠半夏、羊眼半夏、蝎子草

拉丁学名：*Pinellia ternata* (Thunb.) Breit.

英文名称：Pinellia tuber；Rhizoma pinelliae

CAC商品：无

可食部位：块茎（入药）

植物学分类：天南星科半夏属植物

其他信息：广泛分布于中国长江流域以及东北、华北等地区。在西藏也有分布，生长于海拔3 000米左右。朝鲜、日本也有分布。

11.1.6 白术 ◇

中文名称：白术

别　　名：桴蓟、于术、冬白术、浙术、杨桴、吴术、山蓟

拉丁学名：*Atractylodes macrocephala* Koidz.

英文名称：Bai shu

CAC商品：

　　HS 3362 Bai shu 白术

　　HS 0193 Subgroup of spices，root or rhizome 根和根茎类香料亚组

可食部位：根茎（入药）

植物学分类：菊科苍术属多年生草本植物

其他信息：主要分布于中国江苏、浙江、福建、江西、安徽、四川、湖北及湖南等地。该种亦有众多的商品名称，如根据生药的根状茎形状取名的鹤形术、金线术、白术腿，按产地取名的徽术、於术（浙江於潜），按根状茎出土季节取名的冬术。於术品质最佳。

11.1.7　麦冬 ◆

中文名称：麦冬

别　　名：麦门冬、沿阶草、杭麦冬、川麦冬、寸冬、小麦门冬、韭叶麦冬

拉丁学名：*Ophiopogon japonicus*（Linn. f.）Ker-Gawl.

英文名称：Radix ophiopogonis

CAC商品：无

可食部位：块茎可入药

植物学分类：百合科沿阶草属多年生常绿草本植物

其他信息：原产中国，日本、越南、印度也有分布。中国广东、广西、福建、台湾、浙江、江苏、江西、湖南、湖北、四川、云南、贵州、安徽、河南、陕西（南部）和河北（北京以南）等地均有栽培。生于海拔2 000米以下的山坡阴湿处、林下或溪旁。麦冬在河南禹州被人们称为"禹韭"。

11.2 叶及茎秆类

11.2.1 平车前 ◆

中文名称：平车前

别　　名：车前草、车茶草、蛤蟆草、蛤蟆叶、车轱辘菜、车轮菜、芣苢、当道、地衣、猪肚菜、灰盆草、田灌草、饭匙草、猪耳草、牛甜菜、打官司草、牛舌头棵

拉丁学名：*Plantago depressa* Willd.

英文名称：Plantains herba；Plantain

CAC商品：无

可食部位：全株（全草）

植物学分类：车前科车前属一年生或二年生草本植物

其他信息：中国分布于黑龙江、吉林、辽宁、内蒙古、河北、山西、陕西、宁夏、甘肃、青海、新疆、山东、江苏、河南、安徽、江西、湖北、湖南、四川、云南、西藏、广东、广西等地。朝鲜、俄罗斯（西伯利亚至远东）、哈萨克斯坦、阿富汗、蒙古国、巴基斯坦、克什米尔、印度也有分布。

中文名称：大车前

别　　名：大车前草、钱贯草、大猪耳朵草

拉丁学名：*Plantago major* L.

英文名称：Plantain；Common plantain

CAC 商品：

VL 0490 Plantain leaves 大车前叶

VL 2050 Subgroup of leafy greens 绿叶菜蔬菜亚组

拉丁学名：*Plantago lanceolata* L.

英文名称：Buckhorn plantain

CAC 商品：

参见 VL 0490 Plantain leaves

VL 2050 Subgroup of leafy greens 绿叶菜蔬菜亚组

11.2.2 鱼腥草

中文名称：鱼腥草

别　　名：岑草、蕺、蕺菜、菹菜、紫背鱼腥草、折耳根、侧耳根、岑草、紫蕺、野花麦、截儿根、猪鼻拱、狗贴耳

拉丁学名：*Houttuynia cordata* Thunb.

英文名称：Dokudami

CAC商品：

　　HH 3215 Dokudami 鱼腥草

　　HH 2095 Subgroup of herbs（herbaceous plants）草本植物香草业组

可食部位：新鲜全草、嫩根茎或干燥地上部分

植物学分类：三白草科蕺菜属草本植物

其他信息：鱼腥草是中国药典收录的草药，产于中国长江流域以南各省份，四川广泛栽培。

11.2.3 艾 ◇

中文名称：艾

别　　名：金边艾、艾蒿、祈艾、医草、灸草、端阳蒿

拉丁学名：*Artemisia argyi* Levl. et Vant.

英文名称：无

CAC商品：无

可食部位：全株（入药）

植物学分类：菊科蒿属多年生草本植物

其他信息：广泛分布于蒙古国、朝鲜、俄罗斯（远东地区）和中国。中国除极干旱与高寒地区外，几乎遍及全国。日本有栽培。艾与中国人的生活有着密切的关系，每至端午节之际，人们总是将艾置于家中以"避邪"，干枯后的株体泡水熏蒸以达消毒止痒功效。嫩芽及幼苗做蔬菜，江苏、浙江一带还用其汁或者茎叶焯水、漂洗后，剁碎与糯米粉混一起做青团。

中文名称：北艾

别　　名：白蒿、细叶艾、野艾

拉丁学名：*Artemisia vulgaris* L.

英文名称：Mugwort

CAC商品：

参见HH 0754 Southernwood

HH 2095 Subgroup of herbs（herbaceous plants）草本植物香草亚组

可食部位：全株

植物学分类：菊科蒿属植物

其他信息：产于陕西（秦岭）、甘肃（西部）、青海、新疆、四川（西部）等省份；陕西（秦岭太白山）及青海分布在海拔2 500米以上地区，甘肃、新疆分布在海拔1 500～2 100米的地区。

中文名称：西北蒿

别　　名：宁新叶莲蒿

拉丁学名：*Artemisia abrotanum* L.；*Artemisia pontica* L.

英文名称：Southernwood

CAC商品：

HH 0754 Southernwood　西北蒿

HH 2095 Subgroup of herbs（herbaceous plants）草本植物香草亚组

可食部位：全株

植物学分类：菊科蒿属植物

其他信息：产于宁夏、甘肃（西部）、新疆（东部、北部）；生于中、低海拔地区的砾质坡地、干旱河谷、草原、荒坡等地。

中文名称：中亚苦蒿

别　　名：洋艾、苦艾、苦蒿、啤酒蒿

拉丁学名：*Artemisia absinthium* L.

英文名称：Wormwood

CAC商品：

参见HH 0754 Southernwood

HH 2095 Subgroup of herbs（herbaceous plants）草本植物香草亚组

可食部位：全株（入药）

植物学分类：菊科蒿属植物

其他信息：产于新疆天山北部；生于海拔1 100～1 500米地区的山坡、草原、野果林、林缘、灌丛地等；南京及其他少数城市也有栽培。北温带广布种。

中文名称：黄花蒿

别　　名：草蒿、青蒿、臭蒿、黄蒿、臭黄蒿、苘蒿、黄香蒿、野苘蒿、秋蒿、香苦草、野苦草、鸡虱草、黄色土因呈、假香菜、香丝草、酒饼草、苦蒿

拉丁学名：*Artemisia annua* L.

英文名称：Qinghao

CAC商品：无

可食部位：干燥地上部分

植物学分类：菊科蒿属植物

其他信息：黄花蒿的干燥地上部分为中药材青蒿。遍及全国；东半部省份分布在海拔1 500米以下地区，西北及西南省份分布在海拔2 000 ～ 3 000米的地区，西藏分布在海拔3 650米的地区；生境适应性强，东部、南部省份生长在路旁、荒地、山坡、林缘等处；其他省份还生长在草原、森林草原、干河谷、半荒漠及砾质坡地等，也见于盐渍化的土壤上，局部地区可成为植物群落的优势种或主要伴生种。广布于欧洲、亚洲的温带、寒温带及亚热带地区，在欧洲的中部、东部、南部及亚洲北部、中部、东部最多，向南延伸分布到地中海沿岸及非洲北部，亚洲南部、西南部各国；另外还从亚洲北部迁入北美洲，并广布于加拿大及美国。

中文名称：魁蒿

别　　名：五月艾、端午艾、黄花艾

拉丁学名：*Artemisia princeps* L.

英文名称：Yomogi

CAC商品：

　　HH 3262 Yomogi 魁蒿

　　HH 2095 Subgroup of herbs（herbaceous plants）草本植物香草亚组

可食部位：全株

植物学分类：菊科蒿属植物

其他信息：分布于东北、华北、华东、西南各省份。

中文名称：龙蒿

别　　名：狭叶青蒿、蛇蒿、椒蒿、青蒿

拉丁学名：*Artemisia dracunculus* L.（异名：*Artemisia drancunculoides* Pursh.）

英文名称：Tarragon

CAC商品：

　　HH 0749 Tarragon　龙蒿

　　HH 2095 Subgroup of herbs（herbaceous plants）草本植物香草亚组

可食部位：全株

植物学分类：菊科蒿属植物

其他信息：主要变种有宽裂龙蒿（*Artemisia dracunculus* var. *turkestanica*）、杭爱龙蒿（*Artemisia dracunculus* var. *changaica*）、青海龙蒿（*Artemisia dracunculus* var. *qinghaiensis*）、帕米尔蒿（*Artemisia dracunculus* var. *pamirica*）。产于黑龙江、吉林、辽宁、内蒙古、河北（北部）、山西（北部）、陕西（北部）、宁夏、甘肃、青海及新疆；东北、华北及新疆分布在海拔500～2 500米的地区，甘肃、青海分布在海拔2 000～3 800的米地区。为北温带及亚热带半荒漠与草原地区的广布种。

11.3 花及果实类

11.3.1 金银花 ◆

中文名称：金银花

别　　名：忍冬、金银藤、银藤、二色花藤、二宝藤、右转藤、子风藤、鸳鸯藤

拉丁学名：*Lonicera japonica* Thunb.

英文名称：Golden-and-silver honeysuckle

CAC商品：

　　HS 3378 Golden-and-silver honeysuckle　金银花

　　HS 0195 Subgroup of spices，flower or stigma　花和柱头类香料亚组

可食部位：金银花和花藤（可入药）

植物学分类：忍冬科忍冬属植物

其他信息：金银花一名出自《本草纲目》，由于花初开为白色，后转为黄色，因此得名金银花。中国各省份均有分布。朝鲜和日本也有分布。在北美洲逸生成为难除的杂草。中国金银花的种植区域主要集中在山东、陕西、河南、河北、湖北、江西、广东等地。其中，山东临沂平邑为金银花的主产区，种植面积最大。金银花多野生于较湿润的地带，如溪河两岸、湿润山坡灌丛或疏林中。

11.4 其他药用植物

11.4.1 当归 ◇

中文名称：当归

别　　名：秦归、云归、白蕲、当滚、干归、岷当归、岷归、山蕲、文元、西当归、西归、窑归、当更、归身、红八轮、红扒地麻、七归、秦当、西当、野苏麻、紫金砂、马尾当归、秦哪、马尾归、金当归、当归身、涵归尾、土当归

拉丁学名：*Angelica sinensis*（Oliv.）Diels

英文名称：Danggui

CAC商品：无

可食部位：根（入药）

植物学分类：伞形科当归属多年生草本植物

其他信息：原产亚洲西部，欧洲及北美洲各国多有栽培。中国主产于甘肃东南部，以岷县产量多，质量好，其次为云南、四川、陕西、湖北等省份，均为栽培。

拉丁学名：*Angelica gigas* Nakai

英文名称：Danggwi

CAC商品：

　　VL 2754 Danggwi

　　VL 2050 Subgroup of leafy greens 绿叶菜蔬菜亚组

拉丁学名：*Angelica archangelica* L.；*Angelica sylvestris* L.

英文名称：Angelica

CAC商品：

HH 0720 Angelica，leaves

HH 2095 Subgroup of herbs（herbaceous plants）草本植物香草亚组

HS 0720 Angelica，seed

HS 0190 Subgroup of spices，seeds 籽粒类香料亚组

HS 3360 Angelica，root

HS 0193 Subgroup of spices，root or rhizome 根和根茎类香料亚组

11.4.2 葛

中文名称：葛

别　　名：葛藤、甘葛、野葛、粉葛、葛根

拉丁学名：*Pueraria lobata*（Willd.）Ohwi

英文名称：Kudzu；Edible kudzuvine

CAC商品：

VR 1024 Kudzu 葛

VR 2070 Subgroup of root vegetables 根类蔬菜亚组

可食部位：根；茎、叶、花均可入药

植物学分类：豆科葛属多年生草质藤本植物

其他信息：产于中国南北各地，除新疆、青海及西藏外，分布几遍全国。主产于广东北部、湖北、江苏、江西、河南等地，尤其在广东车八岭国家自然保护区、湖北钟祥、江苏句容茅山和宝华山地区及连云港云台山地区分布广泛。东南亚至澳大利亚也有分布。

11.4.3　延胡索

中文名称：延胡索

别　　名：延胡、玄胡索、元胡、元胡索

拉丁学名：*Corydalis yanhusuo* W. T. Wang（异名：*Corydalis turtschaninovii* Bess. f. *yahusuo* Y. H. Chou et C. C. Hsu；*Corydalis bulbosa* auct. non DC.）；*Corydalis turtschaninovii* Bess.（异名：*Corydalis remota* Fisch. ex Maxim.）；*Corydalis repens* Mandl. et Muchld.；*Corydalis humosa* Migo

英文名称：Rhizoma corydalis

CAC商品：

　　HS 0193 Subgroup of spices，root or rhizome　根和根茎类香料亚组

可食部位：块茎

植物学分类：罂粟科紫堇属多年生草本植物

其他信息：野生于低海拔的旷野草丛或缓坡林缘，分布于河南南部、陕西南部、江苏、安徽、浙江、湖北等地，干燥块茎为大宗常用中药。

拉丁学名：*Corydalis* spp.

英文名称：Corydalis

CAC商品：

　　HS 3367 Corydalis

　　HS 0193 Subgroup of spices，root or rhizome　根和根茎类香料亚组

11.4.4　天葵

中文名称：天葵

别　　名：紫背天葵、雷丸草、夏无踪、小乌头、老鼠屎草、旱铜钱草

拉丁学名：*Semiaquilegia adoxoides*（DC.）Makino

英文名称：Semiaquilegia

CAC商品：无

可食部位：块根（天葵子）入药

植物学分类：毛茛科天葵属多年生小草本植物

其他信息：中国分布于四川、贵州、湖北、湖南、广西北部、江西、福建、浙江、江苏、安徽、陕西南部。生于海拔100～1 050米的疏林下、路旁或山谷地的较阴处。日本也有分布。

11.4.5　石斛

中文名称：金钗石斛

别　　名：仙斛兰韵、不死草、还魂草、紫萦仙株、吊兰、林兰、禁生、金钗花

拉丁学名：*Dendrobium nobile* Lindl.

英文名称：Noble

CAC商品：无（石斛茶编码正在讨论中）

可食部位：花、根茎（入药）

植物学分类：兰科石斛属草本植物

其他信息：中国植物学、药学文献中记载的石斛主要指金钗石斛。产于中国安徽南部大别山区（霍山）、台湾、湖北南部（宜昌）、香港、海南（白沙）、广西西部至东北部（百色、兴安、金秀等）、四川南部（长宁、峨眉山等）、贵州西南部至北部（赤水、习水、罗甸、兴义、三都）、云南东南部至西北部（富民、石屏、沧源、勐腊、勐海、思

茅、怒江河谷、贡山一带）、西藏东南部（墨脱）。分布于印度、尼泊尔、不丹、缅甸、泰国、老挝、越南。

中文名称：铁皮石斛

别　　名：云南铁皮、黑节草、铁皮斗

拉丁学名：*Dendrobium officinale* Kimura et Migo

英文名称：Dendrobium officinale

CAC商品：无（石斛茶编码正在讨论中）

可食部位：花、根茎（入药）

植物学分类：兰科石斛属草本植物

其他信息：主要分布于中国安徽南部（大别山）、浙江东部（鄞州、天台、仙居）、福建西部（宁化）、广西西北部（天峨）、四川、云南东南部（石屏、文山、麻栗坡、西畴）。

12 其 他

12.1 烟草

中文名称：烟草

别　　名：烟叶、草烟

拉丁学名：*Nicotiana tabacum* L.

英文名称：Tobacco

CAC商品：无

可食部位：叶片

植物学分类：茄科烟草属一年生或有限多年生草本植物

其他信息：原产南美洲。中国各省份广为栽培，主要有云南、贵州、四川、湖南、河南、福建、重庆、湖北等。烟草除能制成卷烟、旱烟、斗烟、雪茄烟等供人吸食外，尚有多种医疗用途。也可用于灭除钉螺、蚊、蝇、老鼠和杀灭其他害虫等。

主要参考文献

李少昆,石洁,崔彦宏,等,2004.黄淮海夏玉米田间种植手册[M].北京:中国农业出版社.

何静,2017.覆盖不同镉富集特性植物秸秆对树番茄幼苗养分吸收及镉积累的影响[D].成都:四川农业大学.

刘晗,2019.黑加仑整果微波辅助脱水及膨化工艺[D].哈尔滨:东北农业大学.

姬生国,杨克伟,何纯瑶,等,2012.龙珠果的显微鉴定[J].中药材,35（3）:391-393.

王梦旭,王天义,白乃生,2019.软枣猕猴桃根化学成分及抗癌药理作用研究进展[J].中国中医药信息杂志,26（9）:137-140.

季颖,张宏军,刘丰茂,2015.国际食品法典和中国农产品分类实用手册:水果,香草和香料[M].北京:中国大百科全书出版社.

食品安全国家标准　食品中农药最大残留限量:GB 2763—2019 [S].

蔬菜名称及计算机编码:NY/T 1741—2009 [S].

Codex Alimentarius Commission, 2017a. Editorial amendments to the classification of food and feed: Fruit commondity groups[R]. Beijing, P. R. China, CAC.

Codex Alimentarius Commission, 2017b. Draft revision of the classification of food and feed: Cass A: Primary food commodities of plant origin, type 02: Vegetables[R]. Beijing, P. R. China, CAC.

Codex Alimentarius Commission, 2017c. Draft revision of the classification of food and feed: Cass A: Primary food commodities of plant origin, type 03: Grasses[R]. Beijing, P. R. China, CAC.

Codex Alimentarius Commission, 2018a. Draft and proposed draft revision of the classification of food and feed: Class A: Primary food commodities of plant origin, type 04: Nuts, seeds and saps[R]. Haikou, P. R. China, CAC.

Codex Alimentarius Commission, 2018b. Draft and proposed draft revision of the classification of food and feed: Class A: Primary food commodities of plant origin, type 05: Herbs and spices[R]. Haikou, P. R. China, CAC.

附录1 农药登记残留试验作物分类

（《农药登记资料要求》附件8）

1 谷物

1.1 稻类：水稻、旱稻等

代表作物：水稻

1.2 麦类：小麦、大麦、燕麦、黑麦、荞麦等

代表作物：小麦

1.3 旱粮类：玉米、高粱、粟、稷、薏仁等

代表作物：玉米

1.4 杂粮类：绿豆、小扁豆、鹰嘴豆、赤豆等

代表作物：绿豆

2 蔬菜

2.1 鳞茎类

2.1.1 鳞茎葱类：大蒜、洋葱、薤等
代表作物：大蒜
2.1.2 绿叶葱类：韭菜、葱、青蒜、蒜薹、韭葱等
代表作物：韭菜
2.1.3 百合

2.2 芸薹属类

2.2.1 结球芸薹属：结球甘蓝、球茎甘蓝、抱子甘蓝等
代表作物：结球甘蓝
2.2.2 头状花序芸薹属：花椰菜、青花菜等
代表作物：花椰菜
2.2.3 茎类芸薹属：芥蓝、菜薹、茎芥菜、雪里蕻等
代表作物：芥蓝
2.2.4 大白菜

2.3 叶菜类

2.3.1 绿叶类：菠菜、普通白菜（小油菜、小白菜）、叶用莴苣、蕹菜、苋菜、萝卜叶、甜菜叶、茼蒿、叶用芥菜、野苣、菊苣、油麦菜等

代表作物：菠菜、普通白菜

2.3.2 叶柄类：芹菜、小茴香等

代表作物：芹菜

2.4 茄果类：番茄、辣椒、茄子、甜椒、秋葵、酸浆等

代表作物：番茄、辣椒

2.5 瓜类

2.5.1 黄瓜

2.5.2 小型瓜类：西葫芦、苦瓜、丝瓜、线瓜、瓠瓜、节瓜等

代表作物：西葫芦

2.5.3 大型瓜类：冬瓜、南瓜、笋瓜等

代表作物：冬瓜

2.6 豆类

2.6.1 荚可食类：豇豆、菜豆、豌豆、四棱豆、扁豆、刀豆等

代表作物：豇豆

2.6.2 荚不可食类：青豆、蚕豆、利马豆等

代表作物：青豆

2.7 茎类：芦笋、茎用莴苣、朝鲜蓟、大黄等

代表作物：芦笋、茎用莴苣

2.8 根和块茎类

2.8.1 根类：萝卜、胡萝卜、甜菜根、根芹菜、根芥菜、辣根、芜菁、姜等

代表作物：萝卜

2.8.2 块茎和球茎类

2.8.2.1 马铃薯

2.8.2.2 其他类：甘薯、山药、牛蒡、木薯等

代表作物：甘薯

2.9 水生类

2.9.1 茎叶类：水芹、豆瓣菜、茭白、蒲菜等

代表作物：水芹、豆瓣菜

2.9.2 果实类：菱角、芡实等
代表作物：菱角
2.9.3 根类：莲藕、荸荠、慈姑等
代表作物：莲藕

2.10 其他类：竹笋、黄花菜等

3 水果

3.1 柑橘类：橘、橙、柑、柠檬、柚、佛手柑、金橘等

代表作物：橘或橙

3.2 仁果类：苹果、梨、榲桲、柿子、山楂等

代表作物：苹果或梨

3.3 核果类：桃、枣、油桃、杏、枇杷、李子、樱桃等

代表作物：桃、枣

3.4 浆果和其他小型水果

3.4.1 藤蔓和灌木类
3.4.1.1 枸杞
3.4.1.2 其他类：蓝莓、桑葚、黑莓、覆盆子、醋栗、越橘、唐棣等
代表作物：蓝莓
3.4.2 小型攀缘类
3.4.2.1 皮可食：葡萄、五味子等
代表作物：葡萄
3.4.2.2 皮不可食：弥猴桃、西番莲等
代表作物：弥猴桃
3.4.3 草莓

3.5 热带和亚热带水果

3.5.1 皮可食：杨桃、杨梅、番石榴、橄榄、无花果等
代表作物：杨桃、杨梅
3.5.2 皮不可食
3.5.2.1 小型果：荔枝、龙眼、黄皮、红毛丹等
代表作物：荔枝
3.5.2.2 中型果：芒果、鳄梨、石榴、番荔枝、山竹等
代表作物：芒果、鳄梨

3.5.2.3 大型果：香蕉、木瓜、椰子等

代表作物：香蕉

3.5.2.4 带刺果：菠萝、菠萝蜜、榴莲、火龙果等

代表作物：菠萝

3.6 瓜果类

3.6.1 西瓜

3.6.2 其他瓜果：甜瓜、哈密瓜、白兰瓜等

代表作物：甜瓜

4 坚果

4.1 小粒坚果：杏仁、榛子、腰果、松仁、开心果、白果等

代表作物：杏仁

4.2 大粒坚果：核桃、板栗、山核桃等

代表作物：核桃

5 糖料作物

5.1 甘蔗

5.2 甜菜

6 油料作物

6.1 小型油籽类：油菜籽、芝麻、亚麻籽、芥菜籽等

代表作物：油菜籽

6.2 其他类

6.2.1 大豆

6.2.2 花生

6.2.3 棉籽

6.2.4 葵花籽

6.2.5 油茶籽

7 饮料作物

7.1 茶

7.2 咖啡豆、可可豆

7.3　啤酒花

7.4　菊花、玫瑰花等

8　食用菌

8.1　蘑菇类：平菇、香菇、金针菇、茶树菇、竹荪、草菇、羊肚菌、牛肝菌、口蘑、松茸、双孢蘑菇、猴头、白灵菇、杏鲍菇等

代表作物：平菇、香菇、金针菇

8.2　木耳类：木耳、银耳、金耳、毛木耳、石耳等

代表作物：木耳

9　调味料

9.1　叶类：芫荽、薄荷、罗勒、紫苏等

代表作物：芫荽

9.2　果实类：花椒、胡椒、豆蔻等

9.3　种子类：芥末、八角茴香等

9.4　根茎类：桂皮、山葵等

10　饲料作物

苜蓿、黑麦草等

11　药用植物

11.1　根茎类：人参、三七、天麻、甘草、半夏、白术、麦冬等

11.2　叶及茎秆类：车前草、鱼腥草、艾、蒿等

11.3　花及果实类：金银花等

12　其他

烟草等

注：按照本作物分类，可以在选择代表作物进行残留试验的基础上，再选择 1 ～ 2 种非代表作物进行试验后，申请在该类作物上登记。

附录2 食品类别及测定部位

[《食品安全国家标准 食品中农药最大残留限量》（GB 2763—2019）附件A]

食品类别	类别说明	测定部位
谷物	稻类 　稻谷等	整粒
	麦类 　小麦、大麦、燕麦、黑麦、小黑麦等	整粒
	旱粮类 　玉米、鲜食玉米、高粱、粟、稷、薏仁、荞麦等	整粒，鲜食玉米（包括玉米粒和轴）
	杂粮类 　绿豆、豌豆、赤豆、小扁豆、鹰嘴豆、羽扇豆、豇豆、利马豆等	整粒
	成品粮 　大米粉、小麦粉、全麦粉、玉米糁、玉米粉、高粱米、大麦粉、荞麦粉、莜麦粉、甘薯粉、高粱粉、黑麦粉、黑麦全粉、大米、糙米、麦胚等	
油料和油脂	小型油籽类 　油菜籽、芝麻、亚麻籽、芥菜籽等	整粒
	中型油籽类 　棉籽等	整粒
	大型油籽类 　大豆、花生仁、葵花籽、油茶籽等	整粒
	油脂 　植物毛油：大豆毛油、菜籽毛油、花生毛油、棉籽毛油、玉米毛油、葵花籽毛油等 　植物油：大豆油、菜籽油、花生油、棉籽油、初榨橄榄油、精炼橄榄油、葵花籽油、玉米油等	
蔬菜 （鳞茎类）	鳞茎葱类 　大蒜、洋葱、薤等	可食部分
	绿叶葱类 　韭菜、葱、青蒜、蒜薹、韭葱等	整株
	百合	鳞茎头

（续）

食品类别	类别说明	测定部位
蔬菜 （芸薹属类）	结球芸薹属 　结球甘蓝、球茎甘蓝、抱子甘蓝、赤球甘蓝、羽衣甘蓝、皱叶甘蓝等	整棵
	头状花序芸薹属 　花椰菜、青花菜等	整棵，去除叶
	茎类芸薹属 　芥蓝、菜薹、茎芥菜等	整棵，去除根
蔬菜 （叶菜类）	绿叶类 　菠菜、普通白菜（小白菜、小油菜、青菜）、苋菜、蕹菜、茼蒿、大叶茼蒿、叶用莴苣、结球莴苣、苦苣、野苣、落葵、油麦菜、叶芥菜、萝卜叶、芜菁叶、菊苣、芋头叶、茎用莴苣叶、甘薯叶等	整棵，去除根
	叶柄类 　芹菜、小茴香、球茎茴香等	整棵，去除根
	大白菜	整棵，去除根
蔬菜 （茄果类）	番茄类 　番茄、樱桃番茄等	全果（去柄）
	其他茄果类 　茄子、辣椒、甜椒、黄秋葵、酸浆等	全果（去柄）
蔬菜 （瓜类）	黄瓜、腌制用小黄瓜	全瓜（去柄）
	小型瓜类 　西葫芦、节瓜、苦瓜、丝瓜、线瓜、瓠瓜等	全瓜（去柄）
	大型瓜类 　冬瓜、南瓜、笋瓜等	全瓜（去柄）
蔬菜 （豆类）	荚可食类 　豇豆、菜豆、食荚豌豆、四棱豆、扁豆、刀豆等	全豆（带荚）
	荚不可食类 　菜用大豆、蚕豆、豌豆、利马豆等	全豆（去荚）
蔬菜 （茎类）	芦笋、朝鲜蓟、大黄、茎用莴苣等	整棵
蔬菜 （根茎类和薯芋类）	根茎类 　萝卜、胡萝卜、根甜菜、根芹菜、根芥菜、姜、辣根、芜菁、桔梗等	整棵，去除顶部叶及叶柄
	马铃薯	全薯
	其他薯芋类 　甘薯、山药、牛蒡、木薯、芋、葛、魔芋等	全薯

257

（续）

食品类别	类别说明	测定部位
蔬菜（水生类）	茎叶类 水芹、豆瓣菜、茭白、蒲菜等	整棵，茭白去除外皮
	果实类 菱角、芡实、莲子等	全果（去壳）
	根类 莲藕、荸荠、慈姑等	整棵
蔬菜（芽菜类）	绿豆芽、黄豆芽、萝卜芽、苜蓿芽、花椒芽、香椿芽等	全部
蔬菜（其他类）	黄花菜、竹笋、仙人掌、玉米笋等	全部
干制蔬菜	脱水蔬菜、萝卜干等	全部
水果（柑橘类）	柑、橘、橙、柠檬、柚、佛手柑、金橘等	全果（去柄）
水果（仁果类）	苹果、梨、山楂、枇杷、榅桲等	全果（去柄），枇杷、山楂参照核果
水果（核果类）	桃、油桃、杏、枣（鲜）、李子、樱桃、青梅等	全果（去柄和果核），残留量计算应计入果核的重量
水果（浆果和其他小型水果）	藤蔓和灌木类 枸杞（鲜）、黑莓、蓝莓、覆盆子、越橘、加仑子、悬钩子、醋栗、桑葚、唐棣、露莓（包括波森莓和罗甘莓）等	全果（去柄）
	小型攀缘类 皮可食：葡萄（鲜食葡萄和酿酒葡萄）、树番茄、五味子等 皮不可食：猕猴桃、西番莲等	全果（去柄）
	草莓	全果（去柄）
水果（热带和亚热带水果）	皮可食 柿子、杨梅、橄榄、无花果、杨桃、莲雾等	全果（去柄），杨梅、橄榄检测果肉部分，残留量计算应计入果核的重量
	皮不可食 小型果：荔枝、龙眼、红毛丹等	全果（去柄和果核），残留量计算应计入果核的重量
	中型果：芒果、石榴、鳄梨、番荔枝、番石榴、黄皮、山竹等	全果，鳄梨和芒果去除核，山竹测定果肉，残留量计算应计入果核的重量
	大型果：香蕉、番木瓜、椰子等	香蕉测定全蕉 番木瓜测定去除果核的所有部分，残留量计算应计入果核的重量 椰子测定椰汁和椰肉
	带刺果：菠萝、菠萝蜜、榴莲、火龙果等	菠萝、火龙果去除叶冠部分 菠萝蜜、榴莲测定果肉，残留量计算应计入果核的重量
水果（瓜果类）	西瓜	全瓜
	甜瓜类 薄皮甜瓜、网纹甜瓜、哈密瓜、白兰瓜、香瓜等	全瓜

（续）

食品类别	类别说明	测定部位
干制水果	柑橘脯、李子干、葡萄干、干制无花果、无花果蜜饯、枣（干）、枸杞（干）等	全果（测定果肉，残留量计算应计入果核的重量）
坚果	小粒坚果 　杏仁、榛子、腰果、松仁、开心果等	全果（去壳）
	大粒坚果 　核桃、板栗、山核桃、澳洲坚果等	全果（去壳）
糖料	甘蔗	整根甘蔗，去除顶部叶及叶柄
	甜菜	整根甜菜，去除顶部叶及叶柄
饮料类	茶叶	
	咖啡豆、可可豆	
	啤酒花	
	菊花、玫瑰花等	
	果汁 　蔬菜汁：番茄汁等 　水果汁：橙汁、苹果汁、葡萄汁等	
食用菌	蘑菇类 　香菇、金针菇、平菇、茶树菇、竹荪、草菇、羊肚菌、牛肝菌、口蘑、松茸、双孢蘑菇、猴头菇、白灵菇、杏鲍菇等	整棵
	木耳类 　木耳、银耳、金耳、毛木耳、石耳等	整棵
调味料	叶类 　芫荽、薄荷、罗勒、艾、蒿、紫苏、留兰香、月桂、欧芹、迷迭香、香茅等	整棵，去除根
	干辣椒	全果（去柄）
	果类 　花椒、胡椒、豆蔻、孜然等	全果
	种子类 　芥末、八角茴香、小茴香籽、芫荽籽等	果实整粒
	根茎类 　桂皮、山葵等	整棵
药用植物	根茎类 　人参、三七、天麻、甘草、半夏、当归、白术、元胡等	根、茎部分
	叶及茎秆类 　车前草、鱼腥草、艾、蒿、石斛等	茎、叶部分
	花及果实类 　金银花、银杏等	花、果实部分

（续）

食品类别	类别说明	测定部位
动物源性食品	哺乳动物肉类（海洋哺乳动物除外） 猪、牛、羊、驴、马肉等	肉（去除骨），包括脂肪含量小于10%的脂肪组织
	哺乳动物内脏（海洋哺乳动物除外） 心、肝、肾、舌、胃等	肉（去除骨），包括脂肪含量小于10%的脂肪组织
	哺乳动物脂肪（海洋哺乳动物除外） 猪、牛、羊、驴、马脂肪等	
	禽肉类 鸡、鸭、鹅肉等	肉（去除骨）
	禽类内脏 鸡、鸭、鹅内脏等	整副
	蛋类	整枚（去壳）
	生乳 牛、羊、马等生乳	
	乳脂肪	
	水产品	可食部分，去除骨和鳞

附录3　田间采样部位、检测部位和采样量要求

[《农作物中农药残留试验准则》(NY/T 788—2018) 附件A]

田间采样部位、检测部位和采样量要求见附表3-1。除非特别声明，采样部位等同于检测部位。

附表3-1　田间采样部位、检测部位和采样量要求

组别	组名	作物种类		田间采样部位及检测部位	每个样品采样量
1	谷物	稻类：水稻、旱稻等		稻谷 分别检测糙米和稻壳，并应计算稻谷残留量	不少于12个点，至少1kg
				秸秆，并计算以干重计的残留量（用含水量折算）	不少于12个点，至少0.5kg
		麦类	小麦	籽粒	不少于12个点，至少1kg
				秸秆，并计算以干重计的残留量（用含水量折算）	不少于12个点，至少1kg
			大麦、燕麦、黑麦、荞麦等	籽粒	不少于12个点，至少1kg
		旱粮类	玉米	鲜食玉米（包括玉米粒和轴）	从不少于12株上至少采集12穗，至少2kg
				籽粒	从不少于12株上至少采集12穗，至少1kg
				秸秆，并计算以干重计的残留量（用含水量折算）	不少于12株，每株分成3个等长的小段（带叶），取4个上部小段，4个中部小段和4个下部小段，至少2kg
			高粱、粟、稷、薏仁等	籽粒	不少于12个点，至少1kg
		杂粮类：绿豆、小扁豆、鹰嘴豆、赤豆等		籽粒（干）	不少于12个点，至少1kg
2	蔬菜	鳞茎类	鳞茎葱类：大蒜、洋葱、薤等	去除根和干外皮后的整个个体	从不少于12株上至少采集12个球茎，至少2kg

农药残留田间试验作物

（续）

组别	组名	作物种类		田间采样部位及检测部位	每个样品采样量
2	蔬菜	鳞茎类	绿叶葱类：韭菜、葱、青蒜、蒜薹、韭葱等	去除泥土、根和干外皮后的整个个体	不少于24株，至少2kg
			百合	鳞茎头	从不少于12株上至少采集12个鳞茎头，至少2kg
		芸薹属类	结球芸薹属：结球甘蓝、球茎甘蓝、抱子甘蓝等	去除明显腐坏和萎蔫部分茎叶后的整个个体 抱子甘蓝：检测芽状小甘蓝	不少于12个个体，至少2kg
			头状花序芸薹属：花椰菜、青花菜等	花序和茎	不少于12个个体，至少1kg
			茎类芸薹属：芥蓝、菜薹、茎芥菜、雪里蕻等	茎芥菜：去除顶部叶子后的球茎 其他作物：茎叶	不少于12个个体，至少1kg
			大白菜	去除明显腐坏和萎蔫部分茎叶后的整个个体	不少于12个个体，至少2kg
		叶菜类	绿叶类：菠菜、普通白菜（小油菜、小白菜）、叶用莴苣、蕹菜、苋菜、萝卜叶、甜菜叶、茼蒿、叶用芥菜、野苣、菊苣、油麦菜等	去除明显腐坏和萎蔫部分的茎叶后的整个个体	不少于12株，至少1kg
			叶柄类：芹菜、小茴香等	去除明显腐坏和萎蔫部分的茎叶	不少于12株，至少1kg
		茄果类	番茄、辣椒、甜椒、酸浆等	去除果梗和萼片后的整个果实	从不少于12株上至少采集24个果实，至少2kg
			茄子		从不少于12株上至少采集12个果实，至少1kg
			秋葵		从不少于12株上至少采集24个果实，至少1kg
		瓜类	黄瓜	去除果梗后的整个果实	从不少于12株上采集不少于12个果实，至少2kg
			小型瓜类：西葫芦、丝瓜、苦瓜、线瓜、瓠瓜、节瓜等	去除果梗后的整个果实	从不少于12株上至少采集12个果实，至少2kg
			大型瓜类：冬瓜、南瓜、笋瓜等	去除果梗后的整个果实	从不少于12株上至少采集12个果实

（续）

组别	组名	作物种类		田间采样部位及检测部位	每个样品采样量
2	蔬菜	豆类	荚可食类：豇豆、菜豆、豌豆、四棱豆、扁豆、刀豆等	鲜豆荚（含籽粒）	不少于12株，至少2kg
			荚不可食类：青豆、蚕豆、利马豆等	籽粒	不少于12株，至少1kg
		茎类	芦笋、茎用莴苣、朝鲜蓟等	去除明显腐坏和萎蔫部分的可食茎、嫩芽	不少于12个个体，至少2kg
			大黄	茎	不少于12个个体，至少1kg
		根和块茎类	根类：萝卜、胡萝卜、甜菜根、根芹菜、根芥菜、辣根、芜菁、姜等	去除泥土的根	不少于12个个体，至少2kg
			块茎和球茎类：马铃薯、甘薯、山药、牛蒡、木薯等	去除块茎顶部的整个块茎	从不少于6株上至少采集12个大的块茎或24个小的块茎，至少2kg
		水生类	茎叶类：水芹、豆瓣菜、茭白、蒲菜等	可食部位	不少于12个个体，至少1kg
			果实类：菱角、芡实等	整个果实(去壳)	不少于12个个体，至少1kg
			根类：莲藕、荸荠、慈姑等	莲藕：块茎、莲子 荸荠：块茎 慈姑：球茎	块（球）茎：从不少于6株上至少采集12个大的块（球）茎或24个小的块（球）茎，至少2kg 莲子：不少于6株，至少1kg
		其他类：竹笋、黄花菜等	竹笋	幼芽	不少于12株，至少1kg
			黄花菜	花朵（鲜） 分别检测花朵（鲜）和花朵（干）	不少于12株，至少1kg
3	水果	柑橘类	橙、橘、柑等	整个果实 分别检测全果和果肉（仅去除果皮）	从不少于4株果树上至少采集12个果实，至少2kg
			佛手柑、金橘	整个果实	从不少于4株果树上至少采集12个果实，至少1kg
		仁果类：苹果、梨、榅桲、柿子、山楂等		去除果梗后的整个果实 山楂：检测去除籽的整个果实，但残留量计算包括籽	从不少于4株果树上至少采集12个果实，至少2kg

（续）

组别	组名	作物种类			田间采样部位及检测部位	每个样品采样量
3	水果	核果类：桃、枣、油桃、杏、枇杷、李子、樱桃等			去除果梗后的整个果实 检测去除果核后的整个果实，但残留量计算包括果核	从不少于4株果树上至少采集12个果实，至少2kg 枣、樱桃等小型水果：不少于4株果树，至少1kg
		浆果和其他小型水果	藤蔓和灌木类	枸杞	去除果柄和果托的整个果实	不少于12个点，至少1kg
				其他类：蓝莓、桑葚、黑莓、覆盆子、醋栗、越橘、唐棣等	去除果柄的整个果实	不少于12个点或6丛灌木，至少1kg
			小型攀缘类	皮可食：葡萄、五味子等	去除果柄的整个果实	从不少于8个藤上至少采集12串，至少1kg
				皮不可食：猕猴桃、西番莲等	整个果实	从不少于4株果树上至少采集12个果实，至少2kg
			草莓		去除果柄和萼片的整个果实	不少于12株，至少1kg
		热带和亚热带水果	皮可食：杨桃、杨梅、番石榴、橄榄、无花果等		整个果实 杨梅：检测果肉，但残留量计算包括果核	从不少于4株果树上至少采集12个果实，至少1kg
			皮不可食	小型果：荔枝、龙眼、黄皮、红毛丹等	整个果实 检测去果核后的整个果实和果肉，但整个果实的残留量计算包括果核	从不少于4株果树上至少采集12个果实，至少2kg
				中型果：芒果、鳄梨、石榴、番荔枝、西榴莲、山竹等	整个果实 芒果、鳄梨、山竹：检测去果核后的整个果实和果肉，但整个果实的残留量计算包括果核	从不少于4株果树上至少采集12个果实，至少2kg
				大型果：香蕉、木瓜、椰子等	去除果柄和花冠后的整个果实 香蕉：分别检测全果和果肉 椰子（果肉和果汁）：去除壳后的整个果实，分别检测果肉和果汁，残留量以整个可食部分（果肉和果汁）计算	木瓜：从不少于4株果树上至少采集12个果实，至少2kg 香蕉：从不少于4株果树上至少采集24个果实 椰子：不少于12个果实

（续）

组别	组名	作物种类				田间采样部位及检测部位	每个样品采样量
3	水果	热带和亚热带水果	皮不可食	带刺果：菠萝、菠萝蜜、榴莲、火龙果等		菠萝和火龙果：去除叶冠后的整个果实，分别检测全果和果肉 菠萝蜜和榴莲：整个果实，检测果肉，残留量计算包括果核	不少于12个果实
		瓜果类		西瓜、甜瓜、哈密瓜、白兰瓜等		去除果梗后的整个果实	不少于12个果实，至少2kg
4	坚果	小粒坚果：杏仁、榛子、腰果、松仁、开心果、白果等				去壳后的整个可食部位	不少于4株果树，至少1kg
		大粒坚果：核桃、板栗、山核桃等				去壳或去皮后的整个可食部位	不少于4株果树，至少1kg
5	糖料作物	甘蔗				茎	不少于12株，每株分成3个等长的小段，取4个上部小段，4个中部小段和4个下部小段
		甜菜				根	不少于12株，至少2kg
6	油料作物	小型油籽类：油菜籽、芝麻、亚麻籽、芥菜籽等				种子	不少于12个点，至少0.5kg
		其他类		大豆		青豆（带荚）	不少于12个点，至少0.5kg
						籽粒	不少于12个点，至少0.5kg
						秸秆，并计算以干重计的残留量（用含水量折算）	不少于12个点，至少1kg
				花生		花生仁	不少于12个点，至少1kg
						秸秆，并计算以干重计的残留量（用含水量折算）	不少于12个点，至少1kg
				棉籽		棉籽	不少于12个点，至少1kg
				葵花籽		籽粒	不少于12个点，至少1kg
				油茶籽		籽粒	不少于12个点，至少1kg
7	饮料作物	茶				茶叶(鲜) 分别检测茶叶（鲜）和茶叶（干）	不少于12个点，至少1kg
		咖啡豆、可可豆				豆	不少于12个点或6丛灌木，至少1kg
		啤酒花				圆锥花序（鲜） 分别检测圆锥花序（鲜）和圆锥花序（干）	不少于4株，至少1kg

（续）

组别	组名	作物种类	田间采样部位及检测部位	每个样品采样量
7	饮料作物	菊花、玫瑰花等	花（鲜） 分别检测花（鲜）和花（干）	不少于12个点，至少1kg
8	食用菌	蘑菇类：平菇、香菇、金针菇、茶树菇、竹荪、草菇、羊肚菌、牛肝菌、口蘑、松茸、双孢蘑菇、猴头菇、白灵菇、杏鲍菇等	整个子实体	不少于12个个体，至少0.5kg
		木耳类：木耳、银耳、金耳、毛木耳、石耳等	整个子实体	不少于12个个体，至少0.5kg
9	调味料	叶类：芫荽、薄荷、罗勒、紫苏等	叶片（鲜） 分别检测叶片（鲜）和叶片（干）	至少0.5kg鲜（0.2kg干）
		果实类：花椒、胡椒、豆蔻等	整个果实	至少0.5kg鲜（0.2kg干）
		种子类：芥末、八角茴香等	成熟种子	至少0.5kg鲜（0.2kg干）
		根茎类：桂皮、山葵等	整棵	至少0.5kg鲜（0.2kg干）
10	饲料作物	苜蓿、黑麦草等	整个植株	不少于12个点，至少0.5kg
		青贮玉米	秸秆（鲜）（含玉米穗）	不少于12株，每株分成3个等长的小段（带叶），取4个上部小段、4个中部小段和4个下部小段
11	药用作物	根茎类：人参、三七、天麻、甘草、半夏、白术、麦冬等	根或茎（鲜） 分别检测根或茎（鲜）和根或茎（干）	不少于12个根或茎，至少2kg
		叶及茎秆类：车前草、鱼腥草、艾、蒿等	去除根部及萎蔫叶后的整个茎叶部分	不少于12株，至少1kg
		花及果实类：金银花等	花（鲜） 分别检测花（鲜）和花（干）	不少于12株，至少1kg
12	其他	烟草	叶（鲜） 分别检测叶（鲜）和叶（干）	不少于12个点，至少1kg

附录4 农药登记残留试验区域指南

本指南依据《农药管理条例》和《农药登记资料要求》，综合考虑气候条件、土壤类型、作物布局、耕作制度、栽培方式和种植规模等因素，科学划分农药登记残留田间试验的区域，明确不同作物农药残留田间试验的点数和分布，用于指导农药登记申请人按规定的区域和点数，委托开展农药登记残留试验，确保农药残留试验资料的科学性和代表性。

一、适用范围

本指南适用于农药登记申请人按规定的区域和点数委托开展农药登记残留试验。

二、试验区域划分

本指南将全国划分为 9 个农药残留田间试验区域，分别用阿拉伯数字表示。代表的具体区域如下：

1区：内蒙古、辽宁、吉林、黑龙江
2区：山西、陕西、甘肃、宁夏、新疆
3区：北京、天津、河北
4区：山东、河南
5区：上海、江苏、浙江、安徽
6区：江西、湖北、湖南
7区：广西、重庆、四川、贵州、云南
8区：福建、广东、海南
9区：西藏、青海。

三、主要农作物农药残留田间试验的布局要求

1.谷物

作物 点数 区域	稻 类	麦 类			旱粮类			杂粮类
	水 稻	小 麦	冬小麦	春小麦	玉 米	夏玉米	春玉米	绿 豆
	12	12	10	6	12	10	6	6
1	※□	※		※□□	※※□□		※※□□	※※□
2	□	※□	※□	※※□	※□	※□	□	※
3		※□	※□	□	※□	※□	□	□

（续）

作物 区域 点数	稻类	麦类			旱粮类			杂粮类
	水稻	小麦	冬小麦	春小麦	玉米	夏玉米	春玉米	绿豆
	12	12	10	6	12	10	6	6
4	□	※□□□	※※□□		※□	※※□□		□
5	※□□	※□□	※□□		□	※□		□
6	※※□□	□	□		□	□	□	□
7	※□□	※□	□		※□	□	※	□
8	※□				□			
9								

注：※表示该区域的一个必选点，□表示该区域的一个可选点，农药登记申请人应首先选定必选点，其余各试验点应在限定的可选点中选择。下同。

2.蔬菜

作物 区域 点数	鳞茎类			芸薹属类				叶菜类			
	鳞茎葱类	绿叶葱类	百合	结球芸薹属	头状花序芸薹属	茎类芸薹属	大白菜	绿叶类		叶柄类	
	大蒜	韭菜		结球甘蓝	花椰菜	芥蓝		菠菜	普通白菜	芹菜	小茴香
	6	8	4	12	8	6	10	8	10	8	4
1	□	※□		□	□	□	□	□	□	□	※□
2	□	□	※□	※□	□		□	□	□		※□□
3	□			※	※	□	※				
4	※※□	※※※□	□	□□	※□	□	※□	※□	※	※□	
5	※	※□	□	※□	※□	※	※	※	※□	※□	
6	□	※		※□□	□	□	※	※	※□	※	□
7	□	□	□	※□□	□	※	※□□	※□	※□□	※□	□
8	□	□		※□	※□	※□	□		※	※□	□
9						□					

注：韭菜、菠菜、普通白菜、芹菜作物应有一半点数进行设施栽培方式的残留试验。

区域 \ 作物 \ 点数	茄果类			瓜类				豆类	
				黄瓜	小型瓜类		大型瓜类	荚可食类	
	番茄	辣椒	茄子		西葫芦	节瓜	冬瓜	豇豆	菜豆
	12	12	8	12	8	6	8	8	10
1	※	□	□	※□	□	□		□	□
2	※□□	※□		□	※※□			□	□
3	※□	□		※□	※	□	□	□	□
4	※□□	※□	※□	※□□	※□	□	※□	※□	※□
5	※□	※	※□	※□	□	□		※□	※□
6	□	※□	※□	□	□			※□	□
7	※□	※※□□	※□	※□	□□	※□	※※□□	※□□	※□□
8	□	□	□	□	□	※※	※	□	※□
9									

注：番茄、辣椒、茄子、黄瓜、西葫芦作物应有一半点数进行设施栽培方式的残留试验。

区域 \ 作物 \ 点数	茎 类		根和块茎类				
			根 类		块茎和球茎类		
	芦 笋	茎用莴苣	萝 卜	胡萝卜	马铃薯	甘 薯	山 药
	6	8	8	8	12	8	6
1	□	□	□	□	※□	□	□
2	□	※□	□	※□	※※□	□	※□
3		※	□	□	※	□	□
4	※□	□	※	※□	□	※□	※
5	※□	□	※	□	□	※□	□
6	□	※□	※□	※□	□	※□	

（续）

作物 点数 区域	茎 类		根和块茎类				
			根 类		块茎和球茎类		
	芦 笋	茎用莴苣	萝 卜	胡萝卜	马铃薯	甘 薯	山 药
	6	8	8	8	12	8	6
7	□	□	※□□	※□	※※※□□	□	
8	※	※□	□	□	□	※□	※□
9				□	□		

作物 点数 区域	水生类						其他类	
	茎叶类			果实类		根 类		
	水 芹	豆瓣菜	茭 白	菱 角	芡 实	莲 藕	竹 笋	黄花菜
	6	4	6	4	4	6	6	4
1			□					□
2						□	□	※
3			□	□		□		
4			□			□		□
5	※□	□	※□	※□	※□	※□	※□	□
6	※□		※□		※□	※□	※□	※
7	※□	※□□	□			※□	※□□	□
8	※□	※□	※□	※□	※□	□	□	□
9								

3.水果

作物	柑橘类	仁果类			核果类			浆果和其他小型水果					
								藤蔓和灌木类			小型攀缘类		
	柑、橘或橙	苹果	梨	柿子	桃	枣	枇杷	枸杞	蓝莓	桑葚	葡萄	猕猴桃	草莓
点数 / 区域	12	12	12	6	8	8	6	4	4	4	10	8	8
1		□	□	□	□	□		□	※※□	□	□		※
2	□	※※※※	※□□	□	※	※※□□		※※	□	□	※□	※※□	□
3		※	※※□	※	□	※		□	□	□	※※		※
4	□	※※□	※	※	※※	※			□		※□	※	※
5		□	※	□	□	□	※		□	※	※□	□	※
6	※※□	□		□	□		□				※□		□
7	※※□		※	※	□		※□			※	※※	※※	□
8	※※□		□	□			※	□			□		
9													

注：草莓应全部在设施栽培方式下进行残留试验。

区域＼作物	热带和亚热带水果（皮可食） 杨梅	橄榄	热带和亚热带水果（皮不可食） 小型果 荔枝	中型果 芒果	石榴	大型果 香蕉	木瓜	椰子	带刺果 菠萝	瓜果类 西瓜	其他瓜果 甜瓜
点数	6	4	6	6	6	6	6	4	6	10	6
1										□	□
2					※					※	※
3					□					□	※
4					※					※	※
5	※※□	□			※					※	※
6	□				□					※	
7	□		※	□□※※		□※※	□□※※	□	□	※	
8	※□	※※※□□	□□※※※	□□※※	□	□※※※	□□※※	□※※※	□□※※※	□	□
9											

4.坚果

区域	小粒坚果 杏　仁 4	大粒坚果 核　桃 4
1	※□□	□
2	□	※□
3	※□	□
4		□
5		
6		□
7		※□
8		
9		

5.糖料作物

区域	甘　蔗 6	甜　菜 6
1		※□□
2		※□□
3		※
4		
5	□	
6	□	
7	※※□□	
8	※□	
9		

6.油料作物

作物 区域	小型油籽类			其他油料作物类						
点数	油菜 10	冬油菜 8	春油菜 4	大豆 10	春大豆 6	夏大豆 6	花生 10	棉籽 8	葵花籽 6	油茶籽 4
1	□		※	※※□□	※※※□		※		※※	
2	※	□	□	□	□		□	※□	※□	
3	□	□		□			□	※	□	
4	※□	※□		※	□	※※□	※※□	※□		
5	※※□	※※□		※□		※※□	※	□	□	□
6	※※□□	※□		※	□	※※□	※※	※	□	※※□
7	□□			□	□		□			□
8	□						□			
9			※							

7.饮料作物

作物 / 区域 点数	茶 10	咖啡豆 4	可可豆 4	啤酒花 4	菊 花 4	玫瑰花 4
1						
2	□			※※□□	□	□□
3					□	□
4	□				※□	※
5	※□				※□	□
6	※□					
7	※※□□	※※□□	※□□	□		※□
8	※□	□	※□□			
9						

8.食用菌

作物 / 区域 点数	蘑菇类			木耳类
	香 菇 6	金针菇 6	平 菇 6	木 耳 6
1	□	□	□	※□□
2	□	□	□	□
3	□	□	※□	□
4	※□	※	※□	※
5	□	□	□	□
6	※	□	□	□
7	□	□	□	□
8	□	※	□	□
9				

9.其他

区域 \ 作物 点数	烟 草 8
1	☐
2	☐
3	
4	☐
5	
6	※
7	※※※☐☐
8	☐
9	

四、试验地点选择要求

1.农药登记残留试验点的选择和布置，应符合《农药登记资料要求》规定。

2.残留试验应涵盖作物主产区和主要栽培方式。若某区域只布置 1 个试验点，应考虑当地主要栽培方式

若布置 2 个及以上试验点时，应兼顾不同栽培方式和不同省份。

3.对于《农药登记资料要求》中未规定残留试验点数的作物，一般应进行 4 点以上试验。在提交登记申请资料时，应说明试验地点的确定理由并提供相关依据。

附录5 国际食品法典作物分类植物初级农产品组代码、组商品编码

组	代码	作物组名称	组商品编码
001	FC	Citrus fruits 柑橘类水果	FC 0001 Group of citrus fruit
002	FP	Pome fruits 仁果类水果	FP 0009 Group of pome fruits
003	FS	Stone fruits 核果类水果	FS 0012 Group of stone fruits
004	FB	Berries and other small fruits 浆果和其他小型水果	FB 0018 Group of berries and other small fruits
005	FT	Assorted tropical and sub-tropical fruits—edible peel 热带及亚热带水果（皮可食）	FT 0026 Group of assorted tropical and sub-tropical fruits— edible peel
006	FI	Assorted tropical and sub-tropical fruits—inedible peel 热带及亚热带水果（皮不可食）	FI 0030 Group of assorted tropical and sub-tropical fruits — inedible peel
009	VA	Bulb vegetables 鳞茎类蔬菜	VA 0035 Group of bulb vegetables
010	VB	Brassica vegetables (except Brassica leafy vegetables) 芸薹蔬菜（芸薹属叶菜除外）	VB 0040 Group of Brassica vegetables (except Brassica leafy vegetables)
011	VC	Fruiting vegetables, cucurbits 葫芦科瓜类蔬菜	VC 0045 Group of fruiting vegetables, cucurbits
012	VO	Fruiting vegetables, other than Cucurbits 果菜类蔬菜（葫芦科除外）	VO 0050 Group of fruiting vegetables, other than cucurbits
013	VL	Leafy vegetables (including Brassica leafy vegetables) 叶类蔬菜（包括芸薹属叶菜）	VL 0053 Group of leafy vegetables
014	VP	Legume vegetables 豆类蔬菜	VP 0060 Group of legume vegetables
015	VD	Pulses 干豆类	VD 0070 Group of pulses
016	VR	Root and tuber vegetables 根和块茎类蔬菜	VR 0075 Group of root and tuber vegetables
017	VS	Stalk and stem vegetables 茎类蔬菜	VS 0078 Group of stalk and stem vegetables
018	VF	Edible fungi 食用菌	VF 2084 Group of edible fungi

（续）

组	代 码	作物组名称	组商品编码
020	GC	Cereal grains 谷物	GC 0080 Group of cereal grains
021	GS	Grasses, for sugar or syrup production 产糖或糖浆草本植物	—
022	TN	Tree nuts 木本坚果	TN 0085 Group of tree nuts
023	SO	Oilseed 油料作物	SO 0088 Group of oilseeds and oilfruits
024	SB	Seed for beverages and sweets 饮料或糖用种子	SB 0091 Group of seeds for beverages
025	ST	Tree saps 树的汁液，树汁	ST 2095 Group of tree saps
027	HH	Herbs 香草	HH 0092 Group of herbs
028	HS	Spices 香料	HS 0093 Group of spices
029	MU	Miscellaneous, unclaisfied commodities 未分类作物	—

中文名称索引

英文名称索引

图书在版编目（CIP）数据

农药残留田间试验作物/农业农村部农药检定所编
. —北京：中国农业出版社，2020.11
ISBN 978-7-109-27284-2

Ⅰ.①农…　Ⅱ.①农　Ⅲ.①田间试验-作物-农药
残留-手册　Ⅳ.①S481-62

中国版本图书馆CIP数据核字（2020）第185165号

中国农业出版社出版
地址：北京市朝阳区麦子店街18号楼
邮编：100125
责任编辑：郭　科　　孟令洋
版式设计：王　晨　　责任校对：周丽芳
印刷：北京通州皇家印刷厂
版次：2020年11月第1版
印次：2020年11月北京第1次印刷
发行：新华书店北京发行所
开本：787mm×1092mm　1/16
印张：18.75
字数：435千字
定价：180.00元